U0395691

格致方法·定量研究系列　吴晓刚　主编

蒙特卡罗模拟

[美] 克里斯托弗·Z.穆尼（Christopher Z.Mooney）著

贺光烨 译　范新光　张柏杨　闵尊涛 校

SAGE Publications, Inc.

格致出版社 上海人民出版社

出版说明

由吴晓刚(原香港科技大学教授,现任上海纽约大学教授)主编的"格致方法·定量研究系列"丛书,精选了世界著名的SAGE出版社定量社会科学研究丛书,翻译成中文,起初集结成八册,于2011年出版。这套丛书自出版以来,受到广大读者特别是年轻一代社会科学工作者的热烈欢迎。为了给广大读者提供更多的方便和选择,该丛书经过修订和校正,于2012年以单行本的形式再次出版发行,共37本。我们衷心感谢广大读者的支持和建议。

随着与SAGE出版社合作的进一步深化,我们又从丛书中精选了三十多个品种,译成中文,以飨读者。丛书新增品种涵盖了更多的定量研究方法。我们希望本丛书单行本的继续出版能为推动国内社会科学定量研究的教学和研究作出一点贡献。

总 序

　　2003 年，我赴港工作，在香港科技大学社会科学部教授研究生的两门核心定量方法课程。香港科技大学社会科学部自创建以来，非常重视社会科学研究方法论的训练。我开设的第一门课"社会科学里的统计学"（Statistics for Social Science）为所有研究型硕士生和博士生的必修课，而第二门课"社会科学中的定量分析"为博士生的必修课（事实上，大部分硕士生在修完第一门课后都会继续选修第二门课）。我在讲授这两门课的时候，根据社会科学研究生的数理基础比较薄弱的特点，尽量避免复杂的数学公式推导，而用具体的例子，结合语言和图形，帮助学生理解统计的基本概念和模型。课程的重点放在如何应用定量分析模型研究社会实际问题上，即社会研究者主要为定量统计方法的"消费者"而非"生产者"。作为"消费者"，学完这些课程后，我们一方面能够读懂、欣赏和评价别人在同行评议的刊物上发表的定量研究的文章；另一方面，也能在自己的研究中运用这些成熟的方法论技术。

　　上述两门课的内容，尽管在线性回归模型的内容上有少量重复,但各有侧重。"社会科学里的统计学"从介绍最基本的社会研究方法论和统计学原理开始,到多元线性回归模型结束,内容涵盖了描述性统计的基本方法、统计推论的原理、假设检验、列联表分析、方差和协方差分析、简单线性回归模型、多元线性回归模型,以及线性回归模型的假设和模型诊断。"社会科学中的定量分析"则介绍在经典线性回归模型的假设不成立的情况下的一些模型和方法,将重点放在因变量为定类数据的分析模型上,包括两分类的 logistic 回归模型、多分类 logistic 回归模型、定序 logistic 回归模型、条件 logistic 回归模型、多维列联表的对数线性和对数乘积模型、有关删节数据的模型、纵贯数据的分析模型,包括追踪研究和事件史的分析方法。这些模型在社会科学研究中有着更加广泛的应用。

修读过这些课程的香港科技大学的研究生,一直鼓励和支持我将两门课的讲稿结集出版,并帮助我将原来的英文课程讲稿译成了中文。但是,由于种种原因,这两本书拖了多年还没有完成。世界著名的出版社 SAGE 的"定量社会科学研究"丛书闻名遐迩,每本书都写得通俗易懂,与我的教学理念是相通的。当格致出版社向我提出从这套丛书中精选一批翻译,以飨中文读者时,我非常支持这个想法,因为这从某种程度上弥补了我的教科书未能出版的遗憾。

翻译是一件吃力不讨好的事。不但要有对中英文两种语言的精准把握能力,还要有对实质内容有较深的理解能力,而这套丛书涵盖的又恰恰是社会科学中技术性非常强的内容,只有语言能力是远远不能胜任的。在短短的一年时间里,我们组织了来自中国内地及香港、台湾地区的二十几位研究生参与了这项工程，他们当时大部分是香港科技大学的硕士和博士研究生，受过严格的社会科学统计方法的训练，也有来自美国等地对定量研究感兴趣的博士研究生。他们是香港科技大学社会科学部博士研究生蒋勤、李骏、盛智明、叶华、张卓妮、郑冰岛，硕士研究生贺光烨、李兰、林毓玲、肖东亮、辛济云、於嘉、余珊珊，应用社会经济研究中心研究员李俊秀；香港大学教育学院博士研究生洪岩璧；北京大学社会学系博士研究生李丁、赵亮员；中国人民大学人口学系讲师巫锡炜；中国台湾"中央"研究院社会学所助理研究员林宗弘；南京师范大学心理学系副教授陈陈；美国北卡罗来纳大学教堂山分校社会学系博士候选人姜念涛；美国加州大学洛杉矶分校社会学系博士研究生宋曦；哈佛大学社会学系博士研究生郭茂灿和周韵。

参与这项工作的许多译者目前都已经毕业，大多成为中国内地以及香港、台湾等地区高校和研究机构定量社会科学方法教学和研究的骨干。不少译者反映，翻译工作本身也是他们学习相关定量方法的有效途径。鉴于此，当格致出版社和 SAGE 出版社决定在"格致方法·定量研究系列"丛书中推出另外一批新品种时，香港科技大学社会科学部的研究生仍然是主要力量。特别值得一提的是，香港科技大学应用社会经济研究中心与上海大学社会学院自 2012 年夏季开始，在上海（夏季）和广州南沙（冬季）联合举办《应用社会科学研究方法研修班》，至今已经成功举办三届。研修课程设计体现"化整为零、循序渐进、中义教学、学以致用"的方针，吸引了一大批有志于从事定量社会科学研究的博士生和青年学者。他们中的不少人也参与了翻译和校对的工作。他们在繁忙的学习和研究之余，历经近两年的时间，完成了三十多本新书的翻译任务，使得"格致方法·定量研究系列"丛书更加丰富和完善。他们是：东南大学社会学系副教授洪岩璧，香港科技大学社会科学部博士研究生贺光烨、李忠路、王佳、王彦蓉、许多多，硕士研究生范新光、缪佳、武玲蔚、臧晓露、曾东林，原硕士研究生李兰，密歇根大学社会学系博士研究生王骁，纽约大学社会学系博士研究生温芳琪，牛津大学社会学系研究生周穆之，上海大学社会学院博士研究生陈伟等。

　　陈伟、范新光、贺光烨、洪岩璧、李忠路、缪佳、王佳、武玲蔚、许多多、曾东林、周穆之，以及香港科技大学社会科学部硕士研究生陈佳莹，上海大学社会学院硕士研究生梁海祥还协助主编做了大量的审校工作。格致出版社编辑高璇不遗余力地推动本丛书的继续出版，并且在这个过程中表现出极大的耐心和高度的专业精神。对他们付出的劳动，我在此致以诚挚的谢意。当然，每本书因本身内容和译者的行文风格有所差异，校对未免挂一漏万，术语的标准译法方面还有很大的改进空间。我们欢迎广大读者提出建设性的批评和建议，以便再版时修订。

　　我们希望本丛书的持续出版，能为进一步提升国内社会科学定量教学和研究水平作出一点贡献。

吴晓刚

于香港九龙清水湾

目 录

序 1

致谢 1

第1章 简介 1

　　第 1 节 蒙特卡罗原理 6

第2章 从虚拟总体中生成个体样本 9

　　第 1 节 设定生成虚拟总体的计算机算法 11

　　第 2 节 生成单个随机变量 14

　　第 3 节 生成随机变量的组合 62

第3章 在蒙特卡罗模拟中运用虚体总体 73

　　第 1 节 一个完整虚拟总体算法的例子 75

　　第 2 节 生成蒙特卡罗估计向量 80

　　第 3 节 生成多个实验 85

　　第 4 节 我们要保留试验中的哪一个统计量? 87

　　第 5 节 我们要进行多少次试验? 90

　　第 6 节 评估抽样分布的蒙特卡罗估计 93

第4章 蒙特卡罗模拟在社会科学中的运用 103

　　第 1 节 当估计量弱统计理论存在时的统计推论 105

第 2 节　在多种可能条件下检验零假设　　　　　　　115
第 3 节　评估推论方法的质量　　　　　　　　　　　123
第 4 节　评估参数推断稳健性以检验违反假设　　　132
第 5 节　比较估计量的属性　　　　　　　　　　　142

第 5 章　结论　　　　　　　　　　　　　　　　149

注释　　　　　　　　　　　　　　　　　　　　154
参考文献　　　　　　　　　　　　　　　　　　156
译名对照表　　　　　　　　　　　　　　　　　161

序

经典参数统计推断告诉我们,当满足必要假设时,世界是如何运作的。因此,在对一组社会观测值进行回归分析时,假设 X 的斜率统计显著且为BLUE(best linear unbiased estimator,最佳线性无偏估计),那么我们就会对因变量 Y 如何随单位 X 的变化而变化有一个明确的预测。但是当通常统计推断所需条件无法满足时,情况又会如何呢? 比如,误差项存在异方差(heteroskedastic),即误差项与自变量相关或者有偏斜。若给定了这些条件,而条件无法被满足时,普通最小二乘法(OLS)回归所得出的结论则会有严重的误导性。这时,我们所得的回归结果其实仅是想象而已。

然而,当违背了特定回归假设或存在违反假设风险的时候,蒙特卡罗模拟就可派上用场。例如,它允许多种参数估计分布——均匀(uniform)分布、帕累托(Pareto)分布、指数(exponential)分布、正态(normal)分布、对数正态(log-normal)分布、卡方(chi-square)分布、学生 t(student's t)分布、混合(mixture)分布或贝塔(beta)分布。除了对单一方程 OLS 结果进行检验外,蒙特卡罗模拟还可用于比较多方程系统的估计量,例如,到底要用到二阶估计还是三阶估计。此外,它还可用以学习那些可通过简单计算得出,然而其统计推断却鲜有人知的重要统计量,例如,中位数或绝对平均偏差。

除此以外,穆尼教授还解释了蒙特卡罗模拟的逻辑。在这里,研究者感兴趣的总体是可以被模拟出来的。我们可通过虚拟总体(pseudo-population)重复抽取随机样本,那么所关注的统计量可以通过每个虚拟样本(pseudo-sample)计算出。通过观察该统计量的分布我们还可对统计量行为有一定了解。尽管过程的逻辑简单,实际操作却不然。这里,作者的一个重大贡献即是详细阐明了计算机算法的预备,提及了相较于标准统计软件包,高斯(GAUSS)代码执行蒙特卡罗模拟的特殊优势。幸运的是,讨论部分运用了一些研究范例。其中一个例子基于某政治学家就议员对政府业务监管的态度进行模拟真实数据时,表示了对 OLS 估计质量的担心。另一个例子为通过模拟仿真来研究所构建社团指标的行为。

蒙特卡罗模拟是一个高度计算机密集型作业。复杂的模型运行起来会占用大量的时间,有些甚至需要几天。

除了模型的复杂性，这也部分是因为试验的数量所致。现今计算机模拟通常可以达到 25 000 次试验。穆尼教授指出，计算机模拟也时常会出错，且一旦出错所付出的代价会非常昂贵。因此，在运用该方法前，他建议研究者要对研究的社会过程有所了解，工作时一步步做细做实，并时常检查错误。尽管虚心听取意见小心谨慎面对问题很重要，但在统计前沿上的开拓创新的重要性远大于此。

迈克尔·S.刘易斯-贝克

致 谢

该书是我在欧盟为埃塞克斯郡社会研究院教授数据分析及收集的暑期班课程——"非参数推论"准备的讲稿。我要感谢暑期班负责人埃里克·塔尼鲍姆(Eric Tanenbaum)对这门课的支持,还有我的学生们,感谢他们一直以来的投入与努力。同时,我还要感谢鲍勃·杜瓦尔(Bob Duval)、格雷·金(Gary King)、休·沃德(Hugh Ward)、布鲁斯·沃顿(Bruce Worton)以及匿名评审人在阅读我早期手稿时提供了重要建议;还有尼尔·贝克(Neal Beck)和乔纳森·卡茨(Jonathan Katz)允许我使用他们的蒙特卡罗模拟结果,布拉克·萨尔托格鲁(Burak Saltoglu)对项目早期的助研工作,英国社会科学院的财政支持以及 Aptech 系统对高斯代码的赠阅。此外,我将此书献给劳拉(Laura)、埃里森(Allison)和查利(Charlie),是他们时刻提醒我现实生活远远比模拟世界美好。

第 *1* 章

简介

社会科学家借助统计分析,使用测量变量对相关社会现象进行描述和推论,即通过观测数据得出的估计量 $\hat{\theta}$ 来估计一个社会特征量 θ。因基于数据的具体数学算法是由分析数学发展出来的,从而所得估计量可满足无偏、有效及一致这些重要、直观的标准。以高斯(Gauss)分布及拉普拉斯(Laplace)分布为例,理论证明若从总体中随机抽取 n 个个案,然后对观测变量 x 的数值进行加和再除以 n,则可得到对总体中变量 x 集中趋势的良好估计。

然而,这个数学理论大部分是有条件的。例如,多数社会科学专业研究生二年级的学生知道,要得到普通最小二乘回归斜率的无偏有效估计,总体关系需要满足许多条件。若这些条件无法得到满足,则分析数学无法提供有关随机样本统计量属性及行为的信息。此外,许多潜在有用但尚未被充分挖掘的数学统计量仍然可能存在。比如,随机样本中样本中位数的差异如何表现(例如,Groseclose,1994)?是无偏的?是一致的?这些开放式问题使得社会科学家出于他或她理解估计量的目的，单单依靠分析数学来使用该统计量以及许多其他在不断发展中的统计量，变得不切实际。

统计量行为估计的核心是抽样分布，即，随机样本中统计量的取值范围可以从一个给定总体以及与其取值相关的概率的随机样本中获得（Mohr，1990：18—19）。统计量的偏差可以通过检验其抽样分布的期望值得到，而统计量的有效性则可以通过其变异性及函数形式进行估计，这些对总体参数的评估至关重要。统计量的分析评估是基于抽样分布理论发展出来的，然而当数学理论所需条件无法得到满足，或对于他或她希望使用的统计量缺乏强大理论依据时，社会科学家应该怎么做呢？

蒙特卡罗模拟提供了一种可替代分析数学的方式来帮助研究者理解统计量的抽样分布并评估其在随机样本中的行为。蒙特卡罗模拟从实证角度通过对仿真数据构建的总体中抽取的随机样本进行分析，来追踪统计量的行为。其基本思想非常直接：如果一个统计量的抽样分布是给定总体取值的密度函数，那么该估计是由总体抽取的多个样本中实际观测到的统计量取值的相对频数分布。因为对于社会科学家来说，对实际样本进行多次取样很难实现，所以我们使用人工生成的根据相关条件来模拟真实情况的数据。当前高速发展的计算机技术已使得该方法在历史上首次被广为应用。

考虑估计一个二元模型的回归斜率,其误差项与自变量相关且存在高度偏差,样本量为 20。在这种情况下,对斜率的 OLS 估计的行为是未知的,因为此时不论是高斯-马尔科夫定理还是中心极限定理(OLS 斜率系数分析估计的基础)均不适用。但当用人工生成数据来模拟该情形,对 OLS 斜率进行多次估计,并构建这些估计量的相对频数分布,我们即可对该情形下统计量的行为有所了解。图 1.1 显示了这样的一张相对频数分布。在图中,斜率的真实值为 2.0(由第 2 章提及的计算机生成算法定义)。但值得注意的是,由 1 000 个斜率估计组成的相对频数分布集中在 12.0 附近,表明了 OLS 估计存在严重上偏。此外,针对正态的 Jaque-Bera 检验告诉我们该分布不符合正态分布,而类似尖峰的分布(即比正态分布的峰更高)。由于 OLS 斜率

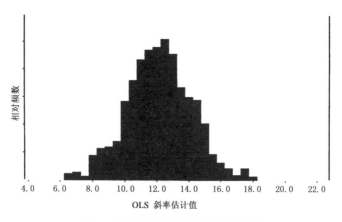

图 1.1   在正文中给定模型规格的情况下,
普通最小二乘斜率估计的相对频数分布

无法通过传统分析数学进行合理估计,这些事实只能通过蒙特卡罗模拟进行预测。如果我假设传统高斯-马尔科夫理论可以在此应用(这在社会科学中并非闻所未闻),那么我得出的对讨论中的社会现象的估计将存在严重偏误。

统计量抽样分布的蒙特卡罗估计可以在多方面被用来理解统计及社会进程。下列一些有关蒙特卡罗模拟的运用会在第 4 章中被详细检验:

● 对仅有弱数学理论支持下的统计数据进行推论;

● 在多种可能情况下检验零假设;

● 评估所得参数稳健性以检验是否存在违反假设的情况;

● 评估推断方法的质量;

● 比较两个或多个估计量的属性。

第1节｜蒙特卡罗原理

蒙特卡罗模拟的原则可总结为：在随机样本中统计量的行为可以通过实际抽取大量随机样本并观测这一行为的实证过程进行估计。该过程的目的是为了创建一个在相关条件下，与真实世界相似的人造"世界"，或一个虚拟总体。该虚拟总体包含生成数组的数学过程以模拟从真实总体中抽取的样本。随后，我们用该虚拟总体对所感兴趣的统计过程进行多次试验，来观察该过程如何随样本变化而变化。

蒙特卡罗模拟的基本过程如下：

1. 用符号术语指定虚拟总体用以生成样本。该过程通常在指定条件下用计算机算法生成数据。

2. 虚拟总体的样本（即虚拟样本）反映了研究者所感兴趣的统计特征，例如，同样的抽样策略，样本量等等。

3. 计算虚拟样本 $\hat{\theta}$，将其存为向量 $\hat{\theta}$。

4. 重复步骤2和步骤3 t 次，其中 t 为试验次数。

5. 由所得 $\hat{\theta}_i$ 值构建一个相对频数分布, 该分布
   即为由虚拟总体和抽样过程给定的条件下 $\hat{\theta}$
   抽样分布的蒙特卡罗估计。

很明显, 由于源自抽样分布的概念, 蒙特卡洛模拟非常简单。这里所涉及的相对复杂的方面包括(1)编写计算机代码以模拟期望条件下的数据, (2)解释估计所得的抽样分布。本书将针对如何执行蒙特卡罗模拟过程及如何利用所得结果进行详述。

在下面的章节里, 我会提供一系列直观的算法步骤以及相应的高斯代码以执行这一过程。高斯语言是一种基于矩阵代数, 在社会科学尤其在经济学中(Aptech 系统, 1994)广泛应用的中级计算机语言, 它具有高度灵活的特点。考虑到常常需要执行成千上万次计算, 所以就蒙特卡罗实验而言, 计算方法的快速高效就显得至关重要。由于在常用的软件包(如, SAS, SPSS)[1]中缺乏预先设定的蒙特卡罗模拟程序, 研究者如果想进行蒙特卡罗模拟, 高斯语言这样高速且可编程的软件包显得尤为必要。高斯语言相对直观, 因此将这一语言的指令翻译为读者更容易理解的另一种语言并不困难。如文中示例, 有关高斯语言的注释均用/ * 和 */符号涵括, 并且在文中, 实际的高斯指令将以不同的字体显示。本书所涉及的所有高斯代码可通过万维网获得, 网址为 http://www.polsci.wvu.edu/faculty/mooney/mc.htm。

第 **2** 章

从虚拟总体中生成个体样本

执行蒙特卡罗模拟实验的第一步是要定义虚拟总体。研究者必须小心地指定虚拟总体中具有决定性的和随机性的要素构成、要素构成的形式和取值，以及哪些要素在实验过程中保持不变而哪些发生变化。尽管实际操作和实验设计很重要，但是值得注意的是，所有这些考虑都应当以实质性理论为基础。

第 1 节 | 设定生成虚拟总体的计算 机算法

在大多数蒙特卡罗模拟实验中,研究者将虚拟总体定义为计算机算法,即通过模拟所关注的社会过程在现实世界中的数据生成方式来构造人工数据。因此,虚拟总体并不是物理上被观察到的,而是由生成数据的计算机指令所代表。因而,研究者可以利用他或她对这一虚拟总体的知识来更好地理解真实数据中的统计估计的行为。

这些计算机算法可以产生三种数据:常量、决定性变量以及随机变量。由于大部分社会过程的随机部分使得统计估计具有不确定性,此外由于随机变量的生成极其困难和复杂,因此我仅对随机变量做详细分析。

考虑一个简单回归模型,作为两个变量 X 和 Y 之间关系的符号表示:

$$Y_i = \beta_1 + \beta_2 X_i + \epsilon_i \qquad [2.1]$$

与大多数社会科学家所熟悉的标准符号一致,在这个模型中有两个代表模型参数的常量 β_1 和 β_2，一个随指定的系统化规则发生变化的决定性变量 X，以及两个随机变量 ε 和 Y。若要利用该模型生成数据（例如，通过比较各种参数估计），计算机指令需要一一定义这些要素。

常量的定义非常直接。研究者只要基于实质理论、之前研究及通过模拟所得出的特定检验结果从中选择较为合理的标量值。例如，这一领域经验研究可能建议 $\beta_1 =$ 2.0，$\beta_2 =$ 1.0。常量值一旦确定后，在大部分程序语言中定义该值就非常简单。该过程的高斯代码为：

```
b1 = 2.0;      /＊设 b1 为 2.0 ＊/
b2 = 1.0;      /＊设 b2 为 1.0 ＊/
```

然而有些常量并非像这个回归模型中的那样容易设定。例如，设定一组变量的相关矩阵就非常复杂（见第 67—70 页）。

决定性变量的向量取值范围是预先设定好的，并非随机分配的。例如，在经典回归模型中，自变量的取值由实验者设定。生成这种数字向量最简单的方式是按顺序执行逐步相加法。即，事先给定一个数字，令其与一个常量不断相加直至生成期望样本量。完成该过程的高斯代码为：

```
x = seqa(0,2,20);      /＊生成起始值为 0,以 2 为变化幅
                         度的 20 个观测 ＊/
```

这里,x 为数列 $\{0, 2, 4, \cdots, 38\}$。同样,变量还可以在高斯中以连乘方式生成:

x = seqm(2,3,10);　　/ * 生成起始值为 2,因子为 3 的 10
　　　　　　　　　　　　　个观测 * /

此时,变量为数列 $\{2, 6, 18, \cdots, 39\,366\}$。由于这种乘法序列增长迅速,通常我们会将因子取在 -2 与 2 之间。

最后一种决定性变量也许根本不应该将其称为“变量”,因为它在观测中不变化。有时,我们需要生成一个向量,且该向量内数字均相同,就如回归中的 X 矩阵的常数列一样。在高斯代码中,我们通过 $(n \times 1)$ 的单位矩阵乘以所需数值来实现:

x = ones(n,1);　　/ * 设定 x 为 $(n \times 1)$ 的单位矩阵 * /

x = x * 56.7;　　/ * 用 x 乘以 56.7,即可产生一个所有
　　　　　　　　　　元素均为 56.7 的 $(n \times 1)$ 向量 * /

第 2 节 | 生成单个随机变量

　　我们现在可以编写计算机程序来定义方程 2.1 中除随机变量 Y 和 ε 以外的所有组成成分。由于 Y 可以通过方程右边各成分的组合生成，因此现在仅剩定义 ε。但是生成 ε 以及一般而言生成随机变量，是蒙特卡罗实验中最困难的，其原因有二。首先，准确定义变量在真实世界里如何分布，以及许多标准分布中哪一个最能代表它，是困难的；其次，生成这些随机变量的计算机算法比生成常量和决定性变量的更加复杂。

　　更重要的是，合适的随机变量生成方法是蒙特卡罗模拟成功的关键。因为统计模型的随机部分在很大程度上影响着 $\hat{\theta}$ 的抽样分布。例如，对于小样本数据，如果误差项为正态分布而非偏斜分布，所得的 OLS 斜率估计的抽样分布会非常不同（Ghurye, 1949）。正因为如此，大多数经典参数推论（甚至许多非参数推论）的方法主要依靠模型随机部分形状的假设。

　　对于该问题的详细讨论也正是因为生成随机变量的

重要性和难度。为方便之后理解，在讲解生成各种随机变量的类型之前，我会对随机变量概率论的相关知识进行回顾。

随机变量是描述对随机事件各种结果的变量，其每个值的概率均由变量的分布函数 F(X) 而定。有关 F(X)，当将 X 的一个取值 x 代入，则可返回一个概率，该概率为这个具有该分布函数的变量的一个随机事件取值小于 x 的概率。例如，一个标准正态变量的分布函数为：

$$F(x) = Pr(X \leqslant x) = (\sqrt{2\pi})^{-1} \int_{-\infty}^{x} e^{-\frac{1}{2}x^2} dx \qquad [2.2]$$

若将 $x = 1.96$ 代入方程的右边，可以得到 $Pr(X \leqslant x) = 0.975$。从理论上说，在这世上，有无限个有效的分布函数，但实际上，只有少数被函数化，我们只会用这少数几种进行统计建模。

一旦变量根据其分布函数被定义出，该变量的其他特征也可以被确定。对于一个连续随机变量，概率密度函数 (probability density function，PDF)，$f(x)$，即 x 的概率落在 X 的两个取值之间。与离散变量的直方图类似，概率密度函数的图形显示对于理解变量的分布形式尤为重要。例如，常见的正态分布的钟形曲线就可以通过观察其概率密度函数分布图得出。另外，逆分布函数，$G(\alpha)$ 为，将一个概率值 α 代入，所得 x 值使得 $Pr(X \leqslant x) = \alpha$。因此，该分布为逆分布函数。$G(\alpha)$ 在生成某些随机变量时非常有用，关于这点我们在接下来的章节中会有所提及。

对于函数相同参数不同的分布，我们称这类分布为分布族（distribution families）。例如，一个均值为 32.3、标准差为 47.8 的正态分布变量明显与均值为 2.3、标准差为 0.57 的正态分布变量不同。然而，显然这两个变量同属于一个分布族，且在统计上，相比于具有相同均值和标准差的对数正态分布变量有更多的共性。此时，有关分布函数中的参数就成为一个问题。大多常用的分布函数均包含少量决定分布族的常数。不同参数可以决定分布的不同特征，如分布的位置，量度，和/或规定分布的形状（Evans et al., 1993:21）。

每一个分布函数还有其所容许的 X 的特征区间。对于一些分布，X 的取值范围是无穷的（例如，正态分布）；对于一些分布，X 的取值是单向删截的（例如，指数分布）；且对于一些分布，X 的取值的在两边均有删截（例如，均匀分布）。

最后值得注意的是，一个分布函数的均值、方差、偏度和峰度都对蒙特卡罗模拟非常重要。其中，最为熟悉并且最受关注的是均值和方差。尽管两者同属于一个分布族，这两个值随分布函数不同而不同。这给比较蒙特卡罗模拟和其他方程生成的随机变量带来困难。因此，将均值和方差生成的变量标准化，即对每一事件减去生成分布的理论均值，再除以理论方差的平方根是一个很好的尝试。另外,还有两个描述非正态分布的形式和程度的指标——偏度和峰度在统计分析中也备受关注。

在进行蒙特卡罗模拟中的核心问题之一是去决定虚拟总体中随机变量的哪个分布函数应该假定。有许多可供选择的分布,然而,我们往往缺乏实践,甚至是用以确定对于一个特定试验到底该选择哪一种分布的理论指导(Johnson,1987:2—3)。在蒙特卡罗模拟中选择一个分布函数以生成随机变量时,研究者必须至少考虑三方面的问题。对于其中任一问题,研究者需要清楚实验设计中所用的变量类型以及模拟过程。第一个问题,该函数适用于数据的取值范围吗? 第二个问题,分布的形状与需要的形状相近吗? 这里,数据的概率密度函数非常有用,因为它可以帮助研究者理解拟合数据与实际数据之间契合度的直观认识。指定的拟合优度检验可以用来检验这种一致性(Ross,1990:148—156)。第三个问题是,在不同实验中,该分布函数允许研究者希望在实验中探索的分布各方面的即时变化吗? 例如,在检验非正态分布对参数推断的影响时,使用能通过简单地调整函数参数来平滑地改变变量正态分布形态的同一个分布族的分布,是有帮助的。

在接下来的章节,我将描述和展示如何从各种分布函数中生成变量,以一种关注它们在蒙特卡罗模拟中的有效性的视角。首先,这意味着它们均可以被计算机程序简单和有效地生成。同样重要的是,这些分布在统计理论中占据着独特的地位（例如，正态分布），社会科学家们就常用其来模拟所关注的变量（例如，帕累托分布），和/或允许变量分布一些重要方面的变化，如偏度和峰度的变化等（例如，卡方分布）。另外，还存在许多其他被充分研究的分布，并且可以就这个问题在标准参考文献中被检验（例如，Evans et al.，1993；Johnson & Kotz，1970a，1970b；Johnson，Kotz & Kemp，1992）。

连续分布函数

连续分布函数可以取 x 取值范围内的所有值。这里将讨论的连续分布包括均匀分布、帕累托分布、指数分布、正态分布、对数正态分布、卡方分布、学生 t 分布、混合分布以及贝塔分布。

1. 均匀分布：U(a，b)

若随机变量服从均匀分布 U(a，b)，那么在其取值区间内取任一数值的概率均相等，其中参数 a 和 b 分别代表该区间的下限与上限。概率密度函数（参见图 2.1）展示了一个 U(a，b)变量特有的稳定状态。这是一个对称和低峰态（比正态分布更平坦）的分布。注意，该分布的偏度和峰度均不受参数的影响（参见表 2.1）。

均匀分布的标准形式为 U(0，1)，它是所有蒙特卡罗模拟的重要组成部分；从某种程度上说，变量的其他分布

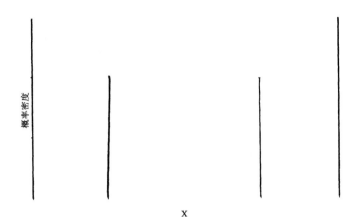

图 2.1 U(a,b)的概率密度函数

函数也是由其衍生出来的。这是因为取值为 $0 \leqslant x \leqslant 1$ 的 U(0,1)分布可以通过逆变换及接受—拒绝方法来模拟一组随机概率以生成其他分布函数。

要模拟均匀分布,我们需要生成一组等概率(equiprobability)、独立且(理想上)可复制的数字。前两点条件是理论要求,后一个是在实际操作层面上的,因为复制结果对于检验模拟程序是重要的。从史前时期起,我们就已经有一些机械的方法用来生成等概率事件。瓮中取球、帽中抽签以及掷硬币被用于各种目的,从古希腊选举政治领袖到美国男子职业篮球联赛(NBA)选取新秀。凭借一组充分混合了球、筹码,或纸条的方法,这无疑是选择真正分布均匀且独立的随机数字的理想方法。但是这种方法很耗时而且容易由于人的疲劳而出错,并且(更重要的是)不可复

表 2.1 均匀分布、帕累托分布、指数分布以及正态分布的特征

	均匀分布	帕累托分布	指数分布	正态分布
符号标注	$U(a, b)$	$Par(a, c)$	$Exp(a, b)$	$N(a, b)$
参　数	$a=$下限； $b=$上限	$a=$众数和下限； $(a>0)c>0$	$a=$下限； $b>0$	$a=$均值； $b=$方差$(b>0)$
分布函数	$F(x) = (x-a)/(b-a)$	$F(x) = 1-(a/x)^c$	$F(x) = 1-\exp[-(x-a)/b]$	$F(x) = (\sqrt{2\pi b})^{-1}$ $\int_{-\infty}^{x} e^{\frac{-(x-a)^2}{2b}} dx$
概率密度函数	$f(x) = 1/(b-a)$	$f(x) = c*a^c/x^{c+1}$	$f(x) = (1/b) *$ $\exp[-(x-a)/b]$	$f(x) = (\sqrt{2\pi b})^{-1} e^{\frac{-(x-a)^2}{2b}}$
逆分布函数	$G(\alpha) = a+\alpha(b-a)$	$G(\alpha) = a(1-\alpha)^{-1/c}$	$G(\alpha) = a-$ $[b*\ln(1-\alpha)]$	—
取值范围	$a \leqslant x \leqslant b$	$a \leqslant x < \infty$	$a \leqslant x < \infty$	$-\infty < x < \infty$
均　值	$(a+b)/2$	$c*a/(c-1)$ 如果 $c>1$	$b+a$	a
方　差	$(b-a)^2/12$	$c*a^2/[(c-1)^2(c-1)]$ 如果 $c>2$	b^2	b
偏　度	0	—	2	0
峰　度	$9/5$	—	9	3

制。一个替代方法是用商用随机数字表（RAND Corporation，1955）。若将这些数字输入电脑，独立且等概率的数字将自动生成。该方法无疑比帽中抽签更加快速可靠，但是总体运行仍旧较慢，并且如果进行大量模拟，有耗尽表中随机数的风险。

由于以上方法存在各种弊端，用代数算法生成具有那些数字特征的方法不断发展。通过严格的均匀性和独立性检测的随机数可被视为具有伪随机性（pseudo-random），可用来取代一定区间内的随机数（Rubinstein，1981：26—33）。该方法的最大优势在于：第一，算法根本上是确定性的，即每次生成的随机数序列都相同；第二，运行速度快。伪随机数的问题在于，超过时间后，它开始重复。今天所使用的大部分伪随机数发生器产生的随机数序列的长度在重复开始前就会生成，也就是说，"重复周期"（period）是由所生成的数百万或数十亿的序列决定的。在它们的默认范围内，伪随机数可以在模拟中被充分利用。简洁起见，我简单地用随机数这个术语来指代伪随机数。

多元同余法（multiple congruential method）是生成U(0,1)分布的随机数最广泛运用的算法，其具体步骤如下（Ross，1990：36—38）：

1. 选择正整数 a 和 m，以及 x_{seed} 作为序列起点；

2. 以 m 为模计算 $x_n = a * x_{n-1}$，用 x_{seed} 作为 x_{n-1}

的第一个值；

3.重复第 2 步直到达到 x 的期望数目。

在第 2 步中，模表示用乘积$(a * x_{n-1})$除以 m，将所得余数作为 x_n。通过该过程所生成的数字类似于满足分布为 U(0，1)、m 为重复周期的独立随机数(除非两次所得余数均为 x_n)。有关如何选择恰当的参数 a 和 m 已有大量文献研究(MacLaren & Marsaglia，1965)。对于一个 32 位机器，取 $m = 2^{31} - 1$，$a = 7^5$ 已经可以运行得很好(Ross，1990：37)。而且由于该 m 的量级，过程所消耗时间会非常长，除非所进行的模拟相当庞大而且复杂，此时过程中产生的数字具有随机性。[2]

大部分计算机程序包均有内置的随机数字生成器，它可以通过一条简单命令生成一个 U(0，1)变量。尽管默认的 m 和 a 已经适用于大多研究，然而研究者常常需要自己设定种子(seed)以便于重现结果。一旦种子被设定好，随机数便会自最后一个获得的 x_n 连续生成，即使它要回到程序中更久远的步骤。因此，若一个程序需要生成数百万的随机数字(例如，对大样本用多次蒙特卡罗自助模拟)，那么在程序中有时重新设定种子可避免周期性问题。

高斯语言使用多元同余法，并允许程序员设定参数 m、a 和种子。系统默认是 $m = 2^{31} - 1$、$a = 397\,204\,094$，以及种子由内时钟(internal clock)设定。由研究者设定种子并生成分布为 U(0，1)变量 x 的接下来的命令为：

rndseed 47；　　／＊将 47 设为随机数生成器的种子＊／

x = rndu(n,c)；　／＊设定 x 为 U(0，1)数字的($n \times c$)矩阵＊／

　　要将 U(0，1)变量转化为 U(a，b)变量，研究者首先要用 U(0，1)变量乘以期望的绝对取值范围。例如，用 U(0，1)变量乘以 3 所得到新变量的范围为 0 至 3。要改变分布的位置，研究者用下限 a 加上该新变量即可。在这个例子中，在绝对取值范围被设定为 3 之后，对变量中每个个案加 5，将设定其范围为 5 至 8。在高斯语言中，这将以如下命令完成，若 $x \sim U(0，1)$：

x = (x * (b - a)) + a；　　／＊设 x 以 U(a，b)分布＊／

2. 逆变换方法

　　用逆变换方式生成随机变量是直接依据逆分布函数 G(α)，生成 x 的值，$Pr(X \leqslant x) = \alpha$，对于 X，分布如 F(X)。若我们能生成随机概率向量并把它们代入 G(α)，那么输出的将是以 F(X)分布的随机数向量。如前所述，想生成像随机概率向量的 U(0，1)变量其实非常简单。问题的关键在于，对于给定分布要指定 G(α)。尽管对于所有分布函数而言，G(α)不存在封闭的形式表达，然而如果存在的话，随机变量仍然可以通过这种方法有效地被生成（Rubinstein，1981：41）。[3] 在这一部分，我将讨论两种可以被用来生成变量的连续函数：帕累托分布和指数分布。还有其他一些连续函数可以用逆变换方法来进行模拟,例如,柯西函数(Cauchy)、威布尔函数(Weibull)*、冈贝尔函数(Gumbel)、logistic 函数、幂函数(power function)和瑞利分布(Rayleigh distribution)。

(1)帕累托分布:$Par(a,c)$。

帕累托分布是由 19 世纪经济学家帕累托首先提出,是以其名命名的社会上的收入分布的近似。它在第一个参数 a 上存在左删截,其概率密度函数为一个有长长的尾巴并向右下方倾斜的曲线(图 2.2)。其另一个参数 c 定义了函数下降的陡峭程度,即曲线在 y 轴上的截距。当参数 c 超过 2 时,下降得很陡峭,并且分布事实上不稳定,很少被应用(Evans et al.,1993:119)。要生成一个左偏的帕累托形变量,将一个帕累托分布变量乘以−1。

尽管有关帕累托函数在多大程度上可以精确量度收入分布的问题存在很多争论(Johnson & Kotz,1970a:233),然而该函数仍被广泛应用在对许多其他现象的近似上,比如,美国城市的大小、旧美国南部每个农场主拥有奴隶的数目、诺曼英格兰的土地所有权、一些北美本土语言的用词频率,甚至还有莫扎特低音管协奏曲音符之间的时间间隔等(Badger,1980;Crowell,1977:88—98)!因此,帕累托分布在模拟这些社会变量上是有用的。

---

* 原文为"Wiebull"。——译者注

生成 Par(a, c)分布变量采用了逆变换的一般方法,即使用表 2.1 中的 G(α)。第一,生成一个变量,y~U(0, 1),其期望个案数量可以作为随机概率的向量。第二,设定期望参数值。第三,将 y 代入逆变换函数作为 α,以生成 x,使其以指定方式分布。在高斯中,生成 Par(a, c)分布变量 x,其命令如下:

```
y = rndu(n,1);          / * 设定 y 为服从 U(0, 1)
                          分布的($n×1$)向量 * /
a = 1; c = 2;           / * 设定 $a$ = 1, $c$ = 2 * /
x = a * ((1 - y)^( - 1/c));   / * 产生分布为 Par(1, 2)
                          的 $x$ * /
```

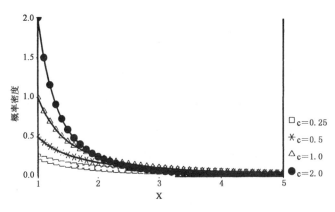

图 2.2 Par(1, c)的概率密度函数

(2) 指数分布:Exp(a, b)。

指数分布为右偏分布的另一个种类,但是其属性与用途均与帕累托分布不同。该分布在参数 a 上有删截，且分散程度由参数 b 决定，其中 b 为 y 截距的倒数（如图 2.3）。该分布的标准差为 b，均值为 $a+b$。不论参数取何值，分布的偏度和峰度均为常数，取值分别为 2 和 9（见表 2.1）。

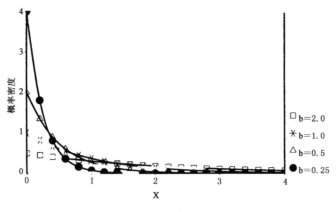

图 2.3　Exp(0，b)的概率密度函数

　　指数分布常被用以模拟那些对医学研究人员及工业工程师具有重要性意义的变量，例如物品或人的寿命等（Johnson & Kotz，1970a：208）。具体而言，一个人从某时间点之后的期望存活时间是指数分布的。指数分布的一个独特之处是"无记忆性"，即不论起始点如何，随时间轴向右移所得的概率分布图形状均相同（Ross，1990：25—26）。因此，我们可以理解为，一辆轿车自使用第一年后继续使用的概率分布形状与使用十年后继续使用的概率分布形状是一样的。

在高斯中生成分布为 Exp(a, b)的变量,需依据如下逆变换方法[4]:

y = rndu(n,1);   /* 设定 y 为服从 U(0,1)分布的($n \times 1$)向量 */

a = 1; b = 2;   /* 设定 $a = 1$, $b = 2$ */

x = a - (b*(ln(y)));   /* 产生分布为 Exp(1,2)的 x */

3. 组合方法

组合方法是在逆分布函数行不通或者当计算复杂且需耗大量时间时,我们用来替代逆变换方法的一种方法(Johnson,1987:19—23)。该方法需用其他分布(例如,通过逆变换方法)生成一个或多个变量,然后将这些变量合并和变形以生成期望分布变量。[5]这里,我会讨论如何生成正态分布、对数正态分布、卡方分布、学生 t 分布以及混合分布。其他可以用组合方法生成的连续分布还包括柯西分布、厄兰分布(Erlang distribution)、F 分布、拉普拉斯分布(Laplace distribution)及三角分布(triangular distribution)。

(1) 正态分布:N(a, b)。

毋庸置疑,统计中最常用的分布莫过于正态分布或者高斯分布。社会科学家对其概率密度分布的熟悉程度就如同化学家对元素周期表的熟悉程度(表 2.1 和图 2.4)。该分布为一个恒定偏度(0.0)和恒定峰度(3.0)的对称钟形

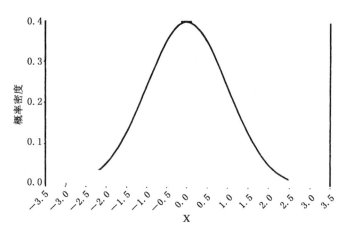

图 2.4　N(0，1)的概率密度函数

曲线,其特征全部由参数 a(或更普遍的是平均值,μ)和参数 b(或更普遍的是方差 σ^2)决定。

正态分布是由早期启蒙统计学家发展且研究起来的,由于它可以很好地近似一系列随机冲击总和的分布以及其他一些分布诸如二项分布(Plackett,1958)。在模拟研究中,正态分布的一个重要用途是作为检验参数推断技术的基础,从高斯分布到费舍尔分布(Fisher distribution),参数推断的理论假设均是基于正态性假设(Plackett,1972)。对一个虚拟总体其假设为真,在评估违背模型假设时检验模拟结果是个好做法。正态分布在蒙特卡罗模拟中的另一个用途是模拟符合该分布的变量属性。例如,在给定性别时,其智商、体重、身高均可以看作近似正态分布。最后,正态分布还可以通过组合方法来生成一些其他的分布,我们会在接下来的部分中进一步讨论具体过程。

遗憾的是,正态分布的逆分布函数很难通过简单的组合方法得到。但是由于正态分布应用非常广泛,大多数计算机的软件包均提供生成标准正态分布变量 N(0,1)的程序。[6]一个 N(0,1)变量可以通过乘以$\sqrt{b}$再加上 a 得到 N(a,b)变量。在高斯中:

y = rndu(n,1);　　　　　/ ∗ 设定 y 为服从 N(0,1)分布

的(n×1)向量 ∗ /

a = 1; b = 2;　　　　　/ ∗ 设定 a =1,b =2 ∗ /

x = a + (sqrt(b) ∗ y);　　/ ∗ 产生分布为 N(1,2)的 x ∗ /

(2)对数正态分布:L(a,b)。

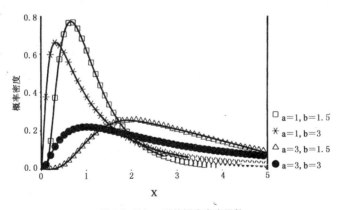

图 2.5　L(a,b)的概率密度函数

指数化一个正态分布变量可以得到一个服从对数正态分布的右偏变量,这种变换在研究经济、社会以及生物

现象时非常有用(例如,Gaddum,1945)。很多学者也建议用帕累托分布来描述这些现象,但帕累托分布和对数正态分布在模式的左侧存在明显的区别(图 2.2 和图 2.5)。在第 24 页中提到,帕累托分布在描述有偏尤其是位于极端右尾部分的社会现象更有优势,然而对数正态分布更适合于描述分布主要范围内的部分(Fisk,1961)。因此,在选择这两种方法时,研究者需要明确试验中我们需要模拟的变量取决于分布的哪一部分更重要。

L(a,b)分布中的两个参数是由正态分布中的均值和方差中衍生出来的,其中 $a=\exp(\mu)$,$b=\exp(\sigma^2)$。参数 a 为分布的中位数,分布的偏度和峰度均随参数 b 的变化而变化(见表 2.2)。与帕累托分布不同,L(a,b)分布的范围总是在 0 处左删截。[7]

生成 L(a,b)分布变量的高斯命令为:

y = rndu(n,1);   /* 设定 y 为服从 N(0,1)分布的($n \times 1$)向量 */

a = 1; b = 2;   /* 设定 $a=1$,$b=2$ */

y = ln(a) + (sqrt(ln(b)) * y);   /* 产生分布为 N[ln(a),ln(b)]的 y */

x = exp(y);   /* 产生分布为 L(a,b)的 x */

表 2.2　对数正态分布、卡方分布和学生 t 分布的特征

	对数正态分布	卡方分布	学生 t 分布
符号标注	$L(a, b)$	$\chi^2(c)$	$t(c)$
参数	$a=$中位数，$b>0$	$c=$自由度（整数 $c>0$）	$c=$自由度（整数 $c>0$）
概率密度函数	$f(x) = [\pi\sigma(\sqrt{2\pi})]^{-1} e^{-\frac{(\log x-\mu)^2}{2\sigma^2}}$，其中 $\mu = \ln(a)$，$\sigma^2 = \ln(b)$	$f(x) = x^{(c-2)/2} e^{(-x/2)}，2^{c/2}\Gamma(c/2)$ 其中 $\Gamma(k)$是参数 k 的伽玛函数	$f(x) = \Gamma[(c+2)/2]\sqrt{\pi c} * \Gamma(c/2) * [1+(x^2/c)]^{(c+1)/2}$，其中 $\Gamma(k)$是参数 k 的伽玛函数
取值范围	$0 \leqslant x < \infty$	$0 \leqslant x < \infty$	$-\infty < x < \infty$
均值	$a * e^{(\ln b)/2}$	c	0，若 $c > 1$
方差	$a^2 * b(b-1)$	$2c$	$c/(c-2)$，若 $c > 2$
偏度	$(b+2)(b-1)^{1/2}$	$2^{3/2} c^{-1/2}$	0，若 $c > 3$，（但是总是对称的）
峰度	$b^4 + 2b^3 + 3b^2 - 3$	$3 + (12/c)$	$3(c-2)/(c-4)$，若 $c > 4$

（3）卡方分布：$\chi^2(c)$。

在蒙特卡罗模拟中，研究者经常可以通过系统性地改变变量的分布特征，来检验变量分布特征的变化如何影响所要估计统计量的行为。使用卡方分布能让研究者以这种方式改变变量偏度。当偏度为0、峰度为3时，随着自由度（c）的增加，卡方分布也由极度右偏逐渐趋近于对称和正态分布（表2.2和图2.6）。因此，如果研究者系统性将自由度由一个较大的数（例如20或30）减少到1，他或她就会发现，在他或她的模拟中，单调性的有偏影响逐渐增加。这在检验是否违背正态性假设上非常有用（见第4章第4节）。另外，卡方分布变量可以通过乘以-1以转变为左偏变量。

该分布族的特征均可以通过自由度完全表示，也就是说，分布的均值、方差、偏度和峰度均是c的函数。因此，研究者如果想通过变化c的值来改变分布偏度，那么他也需要将所得变量进行标准化，即对每个个案，减去分布自由度（理论均值）并除以理论标准差$\sqrt{(2*c)}$。此时，对于给定自由度，将产生一个以卡方分布，以0为中心，标准差为1的变量。

一个卡方分布变量可以通过将c平方个标准正态变量相加而得：

df = 1;	/＊设定自由度 c 为 1＊/
y = rndu(n,df);	/＊设定 y 为服从 N(0, 1) 分布的 $(n×df)$ 矩阵＊/
y = y.＊y;	/＊将 y 中逐个元素相乘,即对每个元素加平方＊/
y = y';	/＊将 y 转置＊/
y = sumc(y);	/＊将转置后的矩阵中的列相加,得到以 $\chi^2(c)$ 分布的 y＊/
y = (y - df)/sqrt(2＊df);	/＊设均值＝0,标准差＝1＊/

为了简化,我用一条高斯程序来定义以上命令,即:

y = chi(df,n);

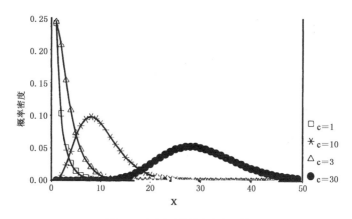

图 2.6　卡方(c)的概率密度函数

该过程可以生成变量 y，其包含 n 个个案且服从非标准化的 $\chi^2(df)$ 分布。

（4）学生 t 分布：$t(c)$。

与卡方分布可以被用来系统地改变随机变量的偏度类似，学生 t 分布可以在改变频率分配曲线的尖顶峰度范围同时保持对称。学生 t 分布的概率密度函数是一个尾部无限长的对称钟形曲线，它和正态分布仅有的区别在于参数 c（自由度），决定方差和分布的峰度（表 2.2）。当 c 增加时，学生 t 分布尖顶峰度越来越低，并越来越趋近于正态分布（图 2.7）。标准化的学生 t 分布以 0 为中心，但通过对生成变量的每个个案加上一个常数可令其以分布的均值为中心。

一个自由度为 c 且以标准学生 t 为分布的变量，可以通过将标准正态变量除以独立生成的卡方变量除以其自由度 c 的平方根获得：

$$t(c) \sim = \frac{z}{\sqrt{y/c}} \qquad [2.3]$$

其中，$z \sim N(0, 1)$，并且 $y \sim \chi^2(c)$ 独立于 z。卡方变量的自由度将是所得学生 t 分布的自由度。在高斯中，我们如下进行，给定 $z \sim N(0, 1)$，并且 $y \sim \chi^2(c)$，均为 $(n \times 1)$ 向量：

x = z./sqrt(y/c);   /＊产生以 $t(c)$ 分布的 $(n \times 1)$ 向量 x ＊/

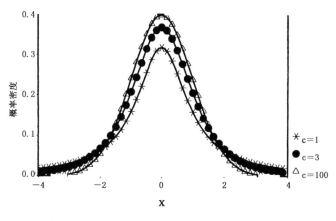

图 2.7　$t(c)$ 的概率密度函数

（5）混合分布。

混合分布可以很好地描述一些生物和社会现象（Everitt & Hand，1981）。那些理论上以混合分布为特征的现象往往不具有唯一性特征，其特征组合还未被完整地建模。例如，人类的身高其实是以两种正态分布的混合为特征。因为女性身高通常以一定方差围绕在一定均值周围分布，而男性身高通常以另一个方差围绕在另一个均值周围分布。因此，若我们在对身高建模时没有将性别差异考虑在内，所得结果是一个混合正态分布。[8]

混合分布还可以被用来模拟无法通过标准分布来生成的分布形态。例如，如有研究者想要生成一个高度偏斜的分布，那么他或她就需要建立一个两个正态变量的混合物，其均值的差异要足够大，并且混合比例（从两个变量中每个抽取的比例)非常小(图2.8)。但是,如前所述,选择其他分布可能在控制它们的偏度(和其他特征)时比起混合分布要更容易且更好。因此,混合分布的这种用法可能不是如其通常用法所建设的那么必要。

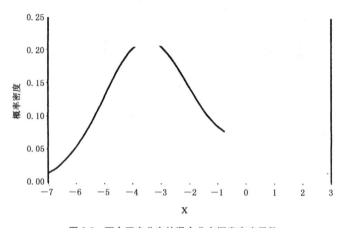

图2.8 两个正态分布的混合分布概率密度函数

任意分布中的任意个数的变量都可以被混合在一起,因此,要归纳混合分布的特征几乎是不可能的。然而,所有混合特征通常存在一个关键参数,即混合比例 p,其中 $0 \leqslant p \leqslant 1$。混合双分布的基本生成策略是先用一个分布创建一个长度为 $n*p$ 的向量,再用另一个分布创建一个长度为 $n*(1-p)$ 的向量。将这两个向量垂直连在一起就可以生成一个包含 n 个个案的变量。若有需要,还可以用一个 U(0,1)索引变量对生成的变量随机化。以下高斯命令即可以创建一个混合比例为 p 的两个 N(a, b)变量的混合物:

y = rndn(((1 - p) * n),1);
/* 设定 y 为服从 N(0, 1) 分布的 $\{[(1-p)*n] \times 1\}$ 向量 */

mean = a1; variance = b1;
/* 设定均值为 $a1$,方差为 $b1$ */

y1 = mean + (sqrt(variance) * y1);
/* 产生以 N($a1$, $b1$)* 分布的 $y1$ */

y2 = rndn((n * p),1);
/* 设定 $y2$ 为服从 N(0, 1)分布的 $[(n*p) \times 1]$ 向量 */

mean = a2; variance = b2;
/* 设定均值为 $a2$,方差为 $b2$ */

y2 = mean + (sqrt(variance) * y2);
/* 产生以 N($a2$, $b2$)分布的 $y2$ */

y = y1 | y2;
/* 将 $y1$ 和 $y2$ 垂直连接成一个 ($n \times 1$)向量 */

index = ceil(rndu(n,1) * n);
/* 构建一个 1 到 n 均匀分布的整数索引 */

---

* 原文中为"N($a1$, $b2$)"。——译者注

```
x = submat(y,index',0);
```
/ * 使用索引对 y 重新排列,生成服从混合比例为 p 的两个正态分布的混合物的 x * /

4. 接受—拒绝方法

　　研究者可能想生成一个变量,其既不遵循易处理的逆变换函数,也不服从那些简单的常用分布函数。在这种情况下,他或她可以使用接受—拒绝方法,这是一种不断自动试错方法(Rubinstein,1981:45—58;von Neumann,1951)。计算机会根据一个服从独立均匀分布的随机数字 p,即伪密度数值,从期望变量的可接受范围内抽取一个服从均匀分布的随机数字 x。将 x 代入期望分布的概率密度函数方程,得到所代入数值的密度。如果计算得到的密度小于 p,那么我们接受从该分布所得的 x,并根据模拟的变量将其放入包含 x 的向量里。如果密度大于 p,那么 x 被拒绝。随机且独立的 (x,p) 对就这样生成,直到有 n 个 x 被接受。

　　在这一过程中,由于某些数字会被几乎任何分布所拒绝,因此计算机会抽取超过 n 对的随机数。为了减少拒绝次数以提高过程的效率,我们需要从潜在的选择区间内消去尽量多的 (x,p) 对。根据给定概率分布函数,我们可以

"隔离"可能被选中的(x, p)区间,从而减小"拒绝区间"。要实现这一做法,首先要将 x 限制到期望的分布,以定义区间的"宽度"。因此,x 会从 U(min,max)分布中被选中,其中 min 和 max 分别为期望分布的潜在取值范围内的最小值和最大值。对于许多分布而言,这一或这些数值可能是(都是)无限的,在这种情况下,我们需根据实际情况定义一个极限。例如,一个 L(1,3)分布变量取值范围为 0 到无穷,但是我们可将其上限定义为比如说 10 以便运用接受—拒绝方法。此时选择上限为 10 背后的假设为:对于该分布,能够观测到数值大于 10 的概率极小。[9]这暗示了相对于长细尾分布,接受—拒绝方法对存在删截过的厚尾分布更加有效。

设定潜在(x, p)对的区间的第二步是定义区间的"高度"作为概率密度函数密度的最大值。每一个概率密度函数都存在 x 的一个众数值(modal value),该值可以根据分析或者标准参考书来判定(例如,Evans et al.,1993;Johnson & Kotz,1970a,1970b)。将 x 的众数值代入概率密度函数,即可生成最大密度值。例如,对于一个 N(0,1)分布,若我们将 0 代入概率密度函数的方程(表 2.1),则可以得到正态分布的最大密度值 0.399。对于每一个潜在的x,其最大密度均是通过和一个从 U(0,1)分布随机抽取的常数相乘而得。因此所产生的 p 服从 U(0,最大密度)分布。从图形上说,这样做减小了整个拒绝区间,即上端开放的矩形位于在最大密度值处与概率密度函数相切及以上的部分。

接受—拒绝方法的效率很大程度上受概率密度函数的形状影响。概率密度函数的最高点和最低点之间的比率越大，被拒绝的个案越多，接受—拒绝方法的效率越差。这是因为概率密度函数的最大值决定了区间顶端区域，即 $(x，p)$ 对被抽取的部分。如果概率密度函数上的某些部分比最大值小很多，例如尾端或者双峰分布的中间，此时被隔断的部分就会包含更多的拒绝空间。另一方面，一个均匀分布变量因其概率密度函数不存在更高的点，所以没有一个 x 会被拒绝。

然而，除了这些，由于接受—拒绝方法不像组合方法需要对一个合成的单一变量创建很多变量，如包含许多自由度的卡方分布，因此该方法的运行速度要远快于组合方法。另外，在开发接受—拒绝方法中，还存在其他更有效率的算法，例如，在两个密切相关的分布内圈定期望分布（Schmeiser & Shalaby，1980），这样可以更彻底地隔断潜在的 $(x，p)$ 空间。一种直截了当的方法是使用贝塔分布：一方面，编程容易；另一方面，它可以更加有效率地生成有界分布。

（1）贝塔分布：$\mathrm{Bet}(a，b)$。

贝塔是一个以 0 和 1 为界，且非常灵活的分布（尽管在第 18 页中指出过，这一界限是可以被改变的）。它有两个

参数 a 和 b，其力矩（moment）和函数的定义参见表 2.3。
贝塔分布对社会科学模拟是有用的，因为它非常灵活，其
概率密度函数涵盖了从高度右偏分布、均匀分布到接近正
态分布，再到高度左偏，甚至还包含不同内"倾"的双峰分布
（图 2.9）。分布的形状取决于参数的取值。例如，Bet(1，2)
的概率密度函数是一条斜率为负的直线，而 Bet(2，1) 的概
率密度函数为一条斜率为正的直线。Bet(1，1) 是均匀分
布，且对于任意满足 $a=b$ 且参数较大的贝塔分布均趋向于
正态分布。当 a 或 b 小于 1，概率密度函数曲线从区间的
一个末端开始向下。当 a 和 b 都小于 1，概率密度函数为
双峰分布。双峰分布的高度与中间部分的比率随着 a 和 b

表 2.3　贝塔分布的特征

符号标注	Bet(a，b)
参　　数	$a(a>0)$，$b(b>0)$
概率密度函数	$f(x)=\dfrac{x^{a-1}(1-x)^{b-1}}{\beta(a，b)}$ 其中 $\beta(a，b)$ 为参数分数为 a 和 b 的贝塔函数
取值范围	$0\leqslant x\leqslant 1$
众　　数	如果 $a>1$，$b>1$，那么众数为 $(a-1)/(a+b-2)$； 否则为 1 和/或 0
均　　值	$a/(a+b)$
方　　差	$\dfrac{ab}{(a+b)^2(a+b+1)}$
偏　　度	$\dfrac{2(b-a)\sqrt{a+b+1}}{(a+b+2)\sqrt{ab}}$
峰　　度	$\dfrac{3(a+b)(a+b+1)(a+1)(2b-a)}{ab(a+b+2)(a+b+3)}+\dfrac{a(a-b)}{a+b}$

向 0 的方向的减少而增加。当 a 和 b 取值相同,贝塔分布
是对称的;当 a 和 b 的差异越大,其不对称性就会越显著。
因此,在潜在的取值区间内,贝塔分布可以被用来模拟很
多社会科学中的变量,并且可以被通过多种方式系统性地
改变其概率密度函数的形状。

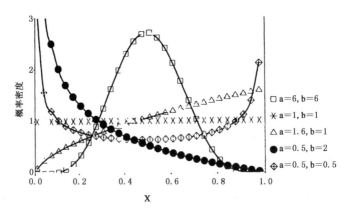

图 2.9 Bet(a, b)分布的概率密度函数

Bet(a, b)变量就是通过一般的接受—拒绝方法生成
的。首先,研究者根据 a,b 及概率密度函数公式计算 x 的
众数以确定最大密度(表 2.3)。[10]其次,用于测试个案变
量的 x 值和随机概率 u 被独立抽取。因为贝塔分布的取
值范围为 0 到 1,其中 x 和 u 都是从 U(0, 1)分布中抽取
的。众数处的密度乘以 u 可以得到 p,[11]将 x 一个个代入
概率密度函数即可将其转化为密度。然后将所得的密度
与 p 相比,若密度小于 p,将 x 值纳入所生成的变量向量

里;否则,拒绝 x 值。这一过程将持续到有 n 个 x 被纳入生成的变量中。以下用高斯代码返回一个包含 10 000 个个案的 Bet(6,6)变量为:

```
/* 设定参数 */
n = 10000;
a = 6；b = 6；                    /* 设定贝塔参数 */
i = 1；                          /* 设定个案的索引 */
x = zeros(n,1);                 /* 设定一个空向量用来
                                  存储被接受的试验 x
                                  值 */
/* 通过伽马函数计算 beta(a,b)函数,设定 p 的峰值 */
beta = (gamma(a) * gamma(b))/gamma(a + b);
if a>1 and b>1;                 /* 开始计算以查找分布
                                  的众数 */
mode = (a - 1)/(a + b - 2);     /* 计算 Bet(a,b)的众
                                  数 */
peak = (mode^(a - 1) * ((1 - mode)^(b - 1))/beta;
                                /* 计算众数处的概率密
                                  度函数值 */
else;
    peak = 4;                   /* 见注释 11 */
endif;
```

```
do until i>n;                 /* 开始 do 命令循环遍
                                个案 */
/* 抽取两个 U(0，1)数 */
p = rndu(1,1) * peak;         /* 生成接受/拒绝过程
                                的密度值 */
trial = rndu(1,1);            /* 将 0 到 1 的数字当做
                                潜在的 x 值 */
/* 计算 f(尝试)与 p 比较,接受或拒绝 */
function = (trial^(a-1)) * ((1-trial)^(b-1))/beta;
if prob< = function;          /* 将随机概率常数与潜
                                在 x 值比较 */
   x(i,1) = trial;            /* 满足条件时,接受潜
                                在 x 值 */
   i = i+1;                   /* 当 x 值被接受,增加
                                i */
  endif;
endo;
```

为将文字简化,这里,我将这些命令定义为一个高斯程序:

```
y = bet(a,b,n);
```

该命令可以生成以 Bet(a, b)分布且包含 n 个个案的变量 y。

如前所述,接受—拒绝方法的效率与所生成的概率密

度函数的最高点和最低点之间的比率相关。表 2.4 所示范例展现了被拒绝的个案比例。这些均是通过每个给定的贝塔分布所生成的 10 000 个个案所模拟的结果,可以看出,当大部分 (x, p) 对置于拒绝区间时,可能会有 50％以上的个案会被拒绝。当 a 或/和 b(都)小于 1 时,被拒绝的程度非常高,因为峰密度(peak destiny)是无穷的,并且在模拟中需要根据实际情况设定一个相对较高的密度水平(见注释 11)。但是需要注意的是,对于简单模拟,效率不是一个很大的实践问题。例如,通过 Bet(0.05, 0.05)分布模拟 10 000 个个案,即使有 93.3％的拒绝率,一个用奔腾 133 处理器运行的 IBM 计算机也只需 30 秒就可以完成。

表 2.4 蒙特卡罗实验在接受—拒绝
生成 Bet(a, b)变量时的效率(百分比)

分　　布	被拒绝的个案
Bet(10, 10)(接近正态分布)	53.7
Bet(5, 5)	41.2
Bet(2.5, 2.5)	24.9
Bet(1.5, 1.5)	11.6
Bet(1, 1)(均分分布)	0.0
Bet(0.75, 0.75)	75.0
Bet(0.5, 0.5)	76.1
Bet(0.1, 0.1)	89.1
Bet(0.05, 0.05)(高峰,双峰)	93.3

注:对所有实验而言,$N = 10\ 000$。考虑到 $a = b$,所有分布都是对称的。在 $a < 1$ 的实验中,峰密度被设为 4.0。

离散分布函数

连续随机变量可以在其取值区间内取任何值，一个离散随机变量只能取某些特定的值。离散值通常是正整数，尽管这能通过乘上和/或加上一个常数进行调整。这些分布对模拟状态的个数非常有用，即把某一状态存在的次数作为分析单元：一个人结婚的次数、就医的次数、一个人的性别（即为男或者为女的状态）、选举中赞成票的数目、一个国家参与战争的次数，等等。

本书讨论的大多离散分布的生成类似于一些伯努利试验（Bernoulli trial）的组合。伯努利试验为独立且相同的"试验"，其结果是两分的，且每次试验"成功"与"失败"的概率是相同的。一个伯努利试验的经典的例子就是掷硬币，若出现头像则视为成功。我们可以用不同的方法对这些试验进行组合来产生各种分布。应当生成的变量分布函数由要模拟的社会过程中的试验组合方式来确定。

大部分为连续分布讨论的概率理论和符号与离散分布的相同。主要区别在于，离散分布函数是 $p(X \leqslant x)$ 的总和，而连续分布函数是对概率积分，因为 x 只能取区间内的某些数值。类似地，对于一个离散分布函数，与连续分布函数相对应的概率密度函数被称为概率质量函数（probability mass function，PMF）。

1. 伯努利分布:Ber(p)

若生成变量的过程只包括两个结果,且每个个案发生结果的概率是常数,那么该变量有一个伯努利分布。性别就是一个经典的例子。但是通过恰当地概念化为互补类别后,许多社会情况均可以被视作符合伯努利分布:投给工党/不投给工党、大学学历/非大学学历、通过考试/未通过考试等。该分布还可被用于生成多个用于社会科学的虚拟变量,其假设是个案之间是常数概率。

表 2.5　伯努利分布和二项分布的特征

	伯努利分布	二项分布
符号标注	Ber(p)	B(t,p)
参　数	$p = pr(x=1)$,$(0 \leqslant p \leqslant 1)$	$t=$试验的次数(大于 0 的整数) $p = pr(x=1)$,$(0 \leqslant p \leqslant 1)$
分布函数	F(0) $= 1-p$,F(1) $= 1$	$F(x) = \sum_{i=0}^{t} \binom{t}{i} p^i (1-p)^{t-i}$
概率质量函数	f(0) $= 1-p$,f(1) $= p$	$f(x) = \binom{t}{x} p^x (1-p)^{t-x}$
取值范围	0,1	$0 \leqslant x \leqslant t$,其中 x 为整数
均　值	p	tp
方　差	$p(1-p)$	$tp(1-p)$
偏　度	$\dfrac{1-2p}{\sqrt{p(1-p)}}$	$\dfrac{1-2p}{\sqrt{p(1-p)}}$
峰　度	$\dfrac{1}{p(1-p)} - 3$	$3 - \dfrac{6}{t} + \dfrac{1}{tp(1-p)}$

伯努利分布取值范围有两个,0 和 1,它含有一个参数 p,任一个案的概率等于 1(图 2.10)。其均值为 p,其方差

为 $p(1-p)$（表 2.5）。偏度和峰度也由参数 p 决定。

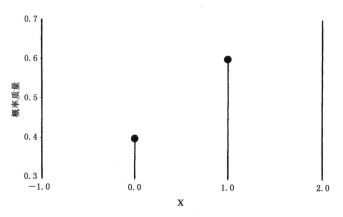

图 2.10 Ber(0.6) 的概率质量函数

要模拟一个 $\text{Ber}(p)$ 的变量 x，首先，需要通过 $\text{U}(0,1)$ 分布生成一个 $(n \times 1)$ 向量 y 以模拟概率分布。然后对所模拟的概率和参数 p 进行比较，若 $y \leqslant p$，$x = 1$；否则 $x = 0$。在高斯中，为了与 y 相比较，我们需要生成一个值为 p 的向量：

prob = .4；	/＊设定 $p(x=1)$ 为 0.4 ＊/
y = rndu(n,1)；	/＊设定 y 为服从 $\text{U}(0,1)$ 分布的 $(n \times 1)$ 向量 ＊/
pv = prob ＊ ones(n,1)；	/＊设定 pv 为 $(n \times 1)$ 单位向量，p ＊/
x = (y.＜ = pv)；	/＊若 $y \leqslant pv$，则设 x 为 1，且令所生成的 x 以 $\text{Ber}(.4)$ 分布 ＊/

简便起见,这里我将这些命令定义为一条高斯程序:

y = ber(p,n);

该命令可以生成一个以 Ber(p)分布、包含 n 个个案的变量 y。

2. 多类别变量

许多社会科学变量都包含两个以上的自然类别(例如,种族、宗教、党派倾向),或从连续变量中建构这种方式(例如,收入类别、教育程度、国家经济发展水平等)。这些变量在它们是分类的上面与虚拟变量相似,但它们不是伯努利分布,因为其包含多于两种可能的结果。尽管对于这些变量并没有标准分布族,但它们可以通过每个个案落入某个类别的概率(即概率质量函数)被模拟。例如,要研究美国人口,我们需要模拟"种族"变量,此时,研究者需要从经验研究中找出有关种族的信息,如:

$p(x = \text{white} = 1) = 0.75$

$p(x = \text{black} = 2) = 0.12$

$p(x = \text{Hispanic} = 3) = 0.08$

$p(x = \text{other} = 4) = 0.05$

注意该概率质量函数所有结果的概率之和为 1,这点对于任意概率质量函数或者概率密度函数都适用。

一旦确定了概率质量函数,其累计分布函数(cumulative distribution function,CDF)也随之确定。当构建累计分布函数时,弄清楚变量是属于定序变量(例如收入类别)还是定类变量(例如种族)是重要的。对于两种案例,类别的数值可以是任意的,但是对于定序变量,类别必须要按序排列。对于前述的变量"种族",其累计分布函数为:

$$p(x \leqslant 1) = 0.75$$

$$p(x \leqslant 2) = 0.87$$

$$p(x \leqslant 3) = 0.95$$

$$p(x \leqslant 4) = 1.0$$

该变量的取值范围由所取的类别数值直接决定,均值和方差可以由这些参数的通式决定。

具有该累计分布函数的变量可以通过逆变换方法生成。首先对每个个案按照 U(0,1)分布抽取一个伪概率标量 y,然后用计算机语言构建一系列的 IF 命令根据 y 所落入的累计分布函数位置将个案分类。在高斯中,

```
let mult_dis = .75 .87 .95 1.0;
```
/ * 正如"种族"变量,设定一个期望的累计分布函数的向量 * /

```
x = zeros(n,1);
```
/ * 设 x 为一个空白的($n \times 1$)空向量 * /

```
i = 1;
```
/ * 设定个案索引 * /

```
y = rndu(n,1);
```
/ * 设定一个服从 U(0,1)分布的($n \times$

```
                                    1)向量 * /
do until i＜n;                       / * 开始循环以走遍
                                    个案 * /
    if y[i]＜= mult_dis[1];          / * 对于个案 i,检验 y
                                    是否在类别 1 中 * /
        x[i] = 1;                   / * 若是,设定变量值
                                    为 1 * /
    elseif y[i]＜= mult_dis[2];
                                    / * 继续对接下来的
                                    类别进行检验 * /
        x[i] = 2;
        elseif y[i]＜= mult_dis[3];
        x[i] = 3;
        else;
        x[i] = 4;                   / * 若 y 不在类别 1—
                                    3 中,那么它一定属于
                                    类别 4 * /
    endif;                          / * 对个案 i 结束循
                                    环 * /
    i = i + 1;                      / * 增加个案索引 * /
endo;                               / * 根据 mult_dis 指定
                                    的累计分布函数生成一
                                    个四类多类别变量 * /
```

3. 基于伯努利试验组合的分布

二项分布、泊松分布以及负二项分布均可以被看作一系列伯努利实验的组合。正因为如此，它们都可通过逆变换方法非常类似的方法生成：[12]

1. 设 $i = 0$；

2. 设 $i = i + 1$，对个案 x_i 进行以下步骤：

3. 根据 U$(0, 1)$ 生成一个数字 u；

4. 若 $u \leqslant p(x = 0)$，那么设 $x_i = 0$，回到步骤 2；

5. 若 $u > p(x = 0)$，那么计算 $p(x = 1)$，将其加到 $p(x = 0)$ 上。这样可以产生累积概率 $p(x \leqslant 1)$；

6. 若 $u \leqslant p(x \leqslant 1)$，那么设 $x_i = 1$，返回步骤 2；

7. 若 $u > p(x \leqslant 1)$，那么继续计算 $p(x = k)$，将其加到之前的概率上，生成 $p(x \leqslant k)$ 直到 $u \leqslant p(x \leqslant k)$；

8. 设定 $x_i = k$，返回步骤 2；

9. 当 $i > n$，程序停止。

该程序的基本思想与生成多类别变量非常相似。对于每个正整数，都有一个给定分布的变量以某一概率取该值。对于任一个案，都有一个服从 U$(0, 1)$ 的随机数 u 可以模拟出随机生成的概率。要确定哪一个离散变量的值和指定分布函数所得到的概率相关，我们需要先计算分布的 $p(x = 0)$。如果概率大于 u，那么我们就要计算 $p(x = $

1），然后将其加到 $p(x=0)$ 上。换句话说，我们构建了一个累计分布函数，并寻找与随机选择的概率相关的类别（x 值）。该过程是逐个进行的，原因在于具有不同 u 值的个案会通过系统进入不同级别的 $k+1$ 分类中。

表 2.6 使用通用算法的离散分布特征成分

	标 注	高斯代码
二项分布：$B(t, p)$		
p_init	$(1-p)^t$	$(1-p)^t$
p_factor	$\dfrac{(t-k)p}{(k+1)(1-p)}$	$(((t-k)*p)/((k+1)*(1-p)))$
泊松分布：$P(\lambda)$		
p_init	$e^{-\lambda}$	$\exp(-lambda)$
p_factor	$\dfrac{\lambda}{k+1}$	$(lambda/(k+1))$
负二项分布：$NB(f, p)$		
p_init	p^f	p^f
p_factor	$\dfrac{(f+k)(1-p)}{k+1}$	$(((f+k)*(1-p))/(k+1))$

资料来源：Rubinstein(1981:99)。

构建这样一个算法的关键在于计算由分布函数所定义的 $p(x \leqslant k)$。因此，生成一个二项、泊松或负二项变量所用的通用计算机代码是一样的，区别仅仅在于 $p(x=0)$、p_init，以及用于每一步的概率增长的 p_factor（表 2.6）。

```
case = 1;               / * 设定个案索引记数 * /
do until case>n;        / * 开始逐个循环 * /
p0 = p_init;            / * 设定指定分布的 p 的初始
```

	值 ＊/
c = p0；b = p0；	/＊设定必需的内部参数为初始 p 值＊/
k = 0；	/＊设定类别数 k 从 0 开始＊/
y = rndu(1,1)；	/＊设定 y 为 U(0,1)标量＊/
if y< = b；	/＊开始循环以设定 x_i 值＊/
x[case,1] = k；	/＊若 $y \leqslant p(x=0)$，设定 $x_i = 0$ ＊/
else；	
do until y< = b；	/＊开始循环以逐步增加 $p(x \leqslant k)$ ＊/
c = c ＊ p_factor；	/＊用指定分布的 p-factor 计算 $p(x=k+1)$ ＊/
k = k + 1；	/＊增加 k 值到下一级＊/
b = b + c；	/＊将 $p(x=k+1)$ 加到 $p(x \leqslant k)$ 上，为新的 k 创建累积分布函数＊/
if y< = b；	
x[case,1] = k；	/＊如果 y 超过新累积分布函数，设 $x_i = k$ ＊/
endif；	
endo；	/＊否则，返回 do 命令以再次增加 b 值＊/

```
endif;
    case = case + 1;        /* 增加个案数量 */
endo;                       /* 返回 do 命令直到产生了 n
                            个个案,生成 x 作为指定分布
                            的 (n×1) 向量 */
```

其他按该过程可以被模拟的离散分布包括几何分布(geometric)、超几何分布(hypergeometric)以及对数级数分布(logarithmic series)。

(1) 二项分布:B(t, p)。

如果一个变量是 t 次伯努利试验的成功之和,则它是二项分布。即,对一个包含互斥结果的事件进行 t 次重复的伯努利试验,其成功的概率为常数 p,那么成功事件的数目以二项分布。该分布包含的参数是 t,即"试验"次数,还有 p,即成功概率。这一分布是伯努利分布在 t 次试验上的延伸,两个分布的均值和方差区别仅在于 t 因素(表 2.5)。二项分布的概率质量函数随参数 t 和 p 变化而变化(图 2.11),其取值范围为从 0 到 t 之间的整数。如前所述,该分布可以通过逆变换方法生成。

二项分布比较适合模拟的变量为包含 t 个随机二分事件总和。比如,它可以模拟过去四个学期里,由于超过限额而导致学生无法选课的情况。其假设为,p 对于所有试验均为常量。然而这一假设也会成为限制二项分布在社

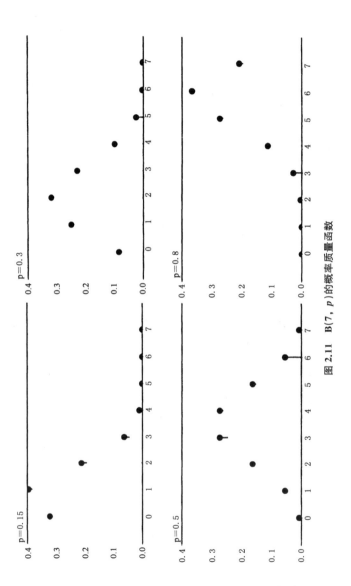

图 2.11 B(7, p) 的概率质量函数

会科学中运用的一个因素。举个例子,国会议员在任期限定范围内对某一事件或法令投"赞成"票与否,可能会受到之前他/她对该事件或法令的支持程度的影响。金(King,1989:45—48)建议放宽"p 必须是常量"这一假设,而是假设 p 是服从贝塔分布的,这样做的结果是产生了一个扩展贝塔—二项分布的变量。用最直接的组合法就可以产生这一变量。首先,研究者对每一次试验生成一个贝塔分布的 p 值,然后用这一概率构建二项分布。二项分布在博弈(该研究的起源)、遗传学、工程学及动物生态学中有更广泛和更合理的应用(Johnson et al.,1992:134—135)。

由于潜在且其概率需要估计的 x 值等于 $t+1$,因此随着 t 变大,二项分布的迭代过程耗时越长。幸运的是,对于大的 t 值,正态分布提供了二项分布的一个好近似物。鲁宾斯坦(Rubinstein,1981:102)建议,当 $tp > 10$(对于 $p > 0.5$)或者 $t(1-p) > 10$(对于 $p \leqslant 0.5$)时,使用正态分布作为近似。在这一个案中,要从 $y \sim N(0,1)$ 生成一个二项分布变量,对于每个个案中的 x,解以下方程:

$$x = \text{Max}\{0, [-0.5 + tp + y\sqrt{tp(1-p)}]\} \quad [2.4]$$

其中 $[m]$ 表示取 m 的整数部分。

(2)泊松分布:$P(\lambda)$。

泊松分布描述的是给定时期内结果为二分事件发生的次数,例如一年内总统否决的次数。再次,该分布隐含的关键假设是，一个事件发生的概率在任意时点都是常数。指定泊松分布族的成员属于给定过程的参数是λ，表示成功率。即，如果$\lambda = 4$，在过程所定义的时间段内，我们期望看到 4 个事件发生，该时间段可以为一个小时、一天或者一年。因此，泊松分布的均值和方差都为λ（表 2.7）。因为泊松分布的变量为次数，所以其取值应为从 0 到正无穷的整数。

表 2.7　泊松分布和负二项分布的特征

	泊松分布	负二项分布
符号标注	$P(\lambda)$	$NB(f, p)$
参　数	$\lambda =$ 成功率$(\lambda > 0)$	f 为正整数，p 为伯努利成功的概率$(0 \leqslant p \leqslant 1)$
分布函数	$F(x) = \sum_{i=0}^{x} \lambda^i e^{-\lambda}/i!$	$F(x) = \sum_{i=1}^{x} \binom{f+i-1}{f-1} p^f (1-p)^f$
概率质量函数	$f(x) = \dfrac{\lambda^x e^{-\lambda}}{x!}$	$f(x) = \binom{f+x-1}{f-1} p^f (1-p)^x$
取值范围	$0 \leqslant x < \infty$，x 为整数	$0 \leqslant x < \infty$，x 为整数
均　值	λ	$f(1-p) * p^{-1}$
方　差	λ	$f(1-p) * p^{-2}$
偏　度	$\lambda^{-1/2}$	$(2-p)[f(1-p)]^{-1/2}$
峰　度	$3 + \lambda^{-1}$	$3 + \dfrac{6}{f} + \dfrac{p^2}{f(1-p)}$

单位时间内的计数经常见于社会科学的数据中：如高速公路在一个月内车祸的次数、医生在一年内出诊的次数、商场在一天里吸引的顾客的数目、一本书里指定用词的个数，等等（Haight，1967：chapter 7）。这些变量常常被处理为连续变量，但这种处理方式可能产生无意义的结

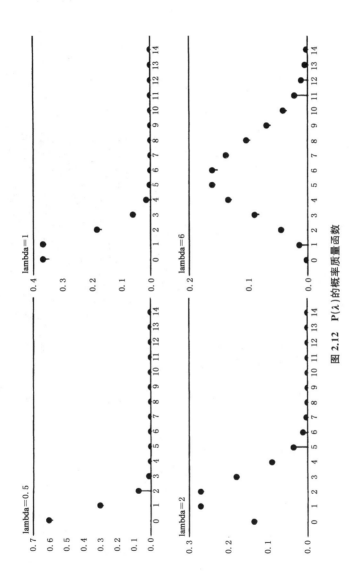

图 2.12 $P(\lambda)$ 的概率质量函数

果,例如,预测值为负数或非整数。例如,人们如何解释一周内一个销售员卖出－1.3辆车的预测?

生成泊松分布变量通常可以用之前介绍的逆变换方法。但当 λ 足够大时,我们还可以用另一种方法。随着 λ 的增大,泊松分布的偏斜程度会减小(图 2.12),并且一旦 $\lambda > 10$,正态分布提供了一个好的近似。与二项分布相似,此时,泊松分布就可以用正态分布近似来生成:

$$x = \mathrm{Max}(0, [-0.5 + \lambda + \sqrt{y}]) \qquad [2.5]$$

其中 $y \sim \mathrm{N}(0, 1)$(Rubinstein, 1981:103)。

(3) 负二项分布:NB(f, p)。

泊松过程中常量 p 的假设对于大多社会科学变量的计数数据而言都不太现实。例如,国家立法选举时,时任领导的失利可能性每年都不同,这就如同家庭每年外出旅行概率一样。事实上,有关非常量 p 所有例子的争论在上一部分就有所提及。负二项分布以这种方式允许所生成的变量从混合泊松分布抽取(Greenwood & Yule, 1920)。其可以通过假设 λ 为服从伽马分布 $\{f, [p/(1-p)]\}$ 的随机变量,从而得到包含两个参数的负二项分布,一个整数 f,以及一个试验的成功率 p(Rubinstein, 1981:106)。[13] 该分布的行为类似混合泊松分布,其 λ 以伽马分布变化。因此,负二项分布的取值区间与泊松分布相同,并且除了 f,其力矩也与泊松分布类似(表 2.7 和图 2.13)。

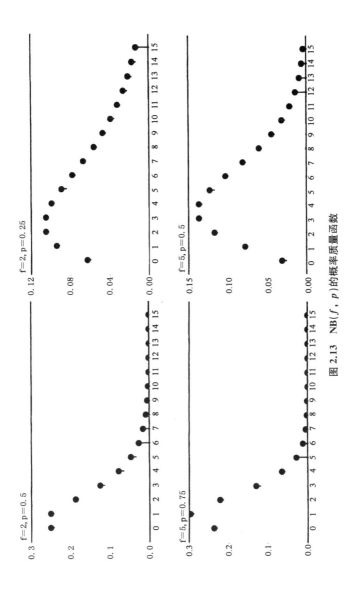

图 2.13　NB(f, p) 的概率质量函数

第 3 节 ┃ **生成随机变量的组合**

　　到现在为止,我只讨论了独立变量、自变量的生成。而在模拟社会过程时,常常需要生成与其他在某种形式上相关的多变量。变量之间的关系要直接遵循所要估计统计过程和/或理论。两种常用的变量关系将会被讨论:基于模型的相关性以及服从多元分布的变量。这两者的区分是教学与实践的需要,而非基于理论差异。

基于模型的变量相关性

　　几乎没有例外,我们所要模拟的社会过程都包括两个或以上变量之间的关系。在一个极端的例子中,若有一个变量是另一个变量的完美函数,那么两个变量呈现完美的相关性。如果 x 乘以一个常数得到 y,并且如果 x 加上一个常数就可以得到 y,x 的比例可以通过这种方式转化为 y 的比例,那么 x 和 y 的区别只在于比例因子:

$$比例因子(scale factor),\ \beta: y = \beta * x$$

移位常数(shifting constant)，α：$y=\alpha+x$ [2.6]

此时，x 和 y 完美相关，但是它们的方差(比例因子)和均值(移位常数)不同。若比例因子为负，则表示 x 与 y 负相关。要模拟这个，我们简单生成期望样式的 x，然后通过加上或者乘以一个常数得到 y。就 y 而言，其唯一的变量因素是 x，因此 y 和 x 同属于一个分布族。

由于多数社会关系都是随机的，因此社会科学对完美相关的变量所建立的模型并不感兴趣。然而，只需在模型中加入一个随机变量，决定性关系可以很容易地变为随机关系。该随机成分，或者说"误差项"，加上 x 或者乘以 x 就可以生成 y，根据实质理论有：

$$y=x+\varepsilon，或者$$
$$y=x*\varepsilon \qquad [2.7]$$

其中，ε 为独立于 x 的随机变量。

该随机成分会破坏 x 与 y 之间的完美相关性。破坏的程度取决于该误差变量和 x 的比例大小。要构建这样一个模型，研究者需要加入一个乘法权重 w，该常量用以调整 x 和 y 之间的相关性水平：

$$y=x+(\varepsilon*w) \qquad [2.8]$$

构建随机模型里 x 与 y 的相关性需要考虑的另一方面是 ε 的分布函数。这应尽可能基于实质理论，或者由众多模型中所采用的形式各样的分布所确定。例如,研究者可以利用不同自由度范围下的卡方分布来改变系列实验中的 ε 的偏度。值得注意的是,即便属于同一族,不同分布函数也会产生不同的期望值和方差,因此即便引入常数 w 来改变 ε 的分布,也会导致 x 和 y 之间呈现不同程度的相关性。由于卡方分布的期望值为其自由度,在这个例子中,误差项的相对大小会随着自由度的增加而增大。卡方分布的方差也会随着自由度变化。如第 32 页所提及的,处理这种问题的办法就是去标准化每个个案的 ε 来控制 ε 的相对大小,通过在乘以 w 之前,每个观测减去理论均值再除以其理论标准差。这将确保,在任何分布下,E(ε)=0 且 SD(ε)=1。

现在,我们需要明确这些模型和回归模型——社会科学中最常用的统计模型——之间的紧密联系。事实上,一个二元回归模型就是一个简单的所有本部分讨论的相关性类型的表达:用一个常数乘以变量 x 再加上一个常数和一个随机数得到另一个变量 y。这可以简单地被衍生到多元回归,即通过加上更多乘以常数的 x。模型中用来描述 y 与 x 的整体相关性指标是 R^2。该指标最简便地可通过用权重 w 调整误差项的相对大小来调整。在模拟某一个给定过程时,我们最简便地可以通过不断摸索试错来达到期望的 R^2。x 之间的相关程度也会影响 R^2 值。

多元回归模型衍生为多等式模型(multiequation

model)是简单的。如果变量 g 是一个模型的因变量以及另一个模型的自变量,那么研究者先构建一个以 g 为因变量的模型,然后将所得的 g 代入第二个模型作为自变量。随着等式系统的复杂性增加,对模型 R^2 的控制也愈发复杂,但是,至少对递归模型(recursive model)而言,无限延伸等式系统并不存在理论上的问题。然而,对于非递归系统模拟的争论更多,且对于该系统至少需要两个变量来生成彼此。这里所用的一个办法是模拟一个两阶(或者更多)最小二乘模型,即对每一对相互关联的变量中的一个来模拟工具变量。

接下来的高斯代码将这一部分中提到的所有类型模型的相关性生成和误差为卡方分布的双方程、多元回归模型相结合。所要模拟的模型是:

$$y_1 = \alpha_1 + \beta_1 x_1 + \beta_2 x_2 + \varepsilon_1$$
$$y_2 = \alpha_2 + \beta_3 x_3 + \beta_4 y_1 + \varepsilon_2 \qquad [2.9]$$

其中 $\text{cov}(\varepsilon_1, \varepsilon_2) = 0$。且在接下来的代码中,$e1$ 和 $e2$ 分别为所生成的自由度分别为 $df1$ 和 $df2$ 的卡方分布变量。

```
cases = n;                    /* 设定样本规模为 n */
beta1 = b1; beta2 = b2;
beta3 = b3; beta4 = b4;       /* 设定斜率参数为常数 */
alpha1 = a1; alpha2 = a2;     /* 设定截距参数为常数 */
w1 = weight1; w2 = weight2;   /* 设定误差权重 */
```

```
x1 = seqa(0,1,n);              /* 生成初始值为 0,以 1 为
                                  变化幅度的数列 x1 */

x2 = rndn(n,1);                /* 设定 x2 为一个以 N(0,
                                  1)分布的(n×1)向量 */

x3 = rndu(n,1);                /* 设定 x3 为一个以 U(0,
                                  1)分布的(n×1)向量 */

y1 = alpha1 + (beta1 * x1) + (beta2 * x2) + (((e1 - df1)/
sqrt(2 * df1)) * w1);

                               /* 设定 y1 是包含经过标准
                                  化和卡方加权的误差的 x1
                                  和 x2 的函数 */

y2 = alpha2 + (beta3 * x3) + (beta4 * y1) + (((e2 - df2)/
sqrt(2 * df2)) * w2);

                               /* 设定 y2 是包含经过标准
                                  化和卡方加权的误差的 x3
                                  和 y1 的函数 */
```

由该代码生成的 $y1$、$y2$、$x1$、$x2$ 和 $x3$ 之间的关系为指定的随机相关。

变量间的多元相关性

就如单一变量 x 存在一个分布函数,且通过该函数可

以画出与 x 的每一个潜在值均相关的累计概率一样。当存在一系列变量时，例如 x 和 y，也必然存在一个多元分布函数，通过该函数可以画出有关可观测到的(x,y)的累计概率。这样一个分布是基于(1)个体变量的分布以及(2)变量之间的关系。任意组变量都包含一个多元分布，但是当这些变量相互独立时，该分布不含超过个体分布函数以外的信息。进而，即便变量间是相关的，它们的多元分布函数不一定取标准形式。相对于单变量分布，有关多元分布的理论少之甚少；因此，标准且容易理解的函数的选择非常有限(Johnson，1987:2—4)。正因为如此，在模拟研究中指定变量集服从多元分布非常有用，特别是在设定相关矩阵时，其与基于模型的方法相比更加精确。

1. 多元正态分布

对于一对变量，当其中每个变量都服从正态分布，那么我们说该对变量服从多元正态分布。有关一系列 p 变量的分布函数用参数 μ，即一个$(p \times 1)$的均值向量，以及 $\sum$，即$(p \times p)$变量协方差矩阵来表示 $\mathbf{N_p}(\boldsymbol{\mu}, \sum)$。该对变量的概率密度函数为三维分布，其形状酷似一个"牛仔帽"，且随着变量相关程度的增加，其形状愈发接近椭球形(Johnson，1987:51—54)。对于社会科学家而言，该分布的一个重要用途是允许他或她指定模拟中变量间的相关性。

对包含 n 个个案的 p 个变量模拟一个多元正态分布，研究者首先需要从 N(0，1)分布中生成一个($n \times p$)数值矩阵 **Y**。要在 **Y** 的列中设定变量的相关变量矩阵 **cor**，需要构建一个($p \times p$)矩阵 **A**，令 **AA**′=**cor**。这可以通过设定一个包含 **cor** 期望的相关性数值的矩阵，然后对其进行 Choleski 分解，这方法类似于对矩阵开方(Johnson，1987:52—54)。该过程可以用代数形式表示，当变量数超过 2 时，该过程将变得非常繁琐。或在高斯中，我们可以通过简单的 chol 命令来达到。一旦 **A** 构建完成，一个列服从 $\mathbf{N_p}(\mathbf{0}，\mathbf{cor})$ 分布的($n \times p$)矩阵 **X** 就生成了：

$$\mathbf{X} = \mathbf{Y} * \mathbf{A} \qquad [2.10]$$

此时，由于变量被标准化为均值为 0，方差为 1，因此，相关矩阵 **cor** 与协方差矩阵 $\sum$ 是等价的。注意，所有相关性数值必须为正。要生成负相关变量，可执行上述步骤，之后令其中一个标准化过的相关变量乘以−1。

要设定所期望的 **X** 的列均值，即将($n \times p$)均值矩阵加到 **X** 上，此时，**X** 矩阵的每一列只包含变量期望均值。设定 **X** 矩阵中每列方差的过程与上述类似，区别在于我们将标准差与 **X** 矩阵中的每个单元相乘而非相加。注意，这些比例及位置转换不会影响 x 之间的相关性。

在高斯中构建服从多元正态分布的变量矩阵：

```
k = 3;                          /＊设定变量个数(注意:如
                                果有变化,需要相应地调整
                                其他参数以及矩阵 A)＊/
let means = 23 34 2.1;          /＊设定均值＊/
let sds = 3.4 56.1 .03;         /＊设定标准差＊/
r12 = .25; rd13 = .75; r23 = .5;
                                /＊设定变量间的相关性＊/
means = (means ＊ ones(1,n));
                                /＊设定均值矩阵为(n ×
                                k)＊/
sds = (sds ＊ ones(1,n));       /＊设定标准差矩阵为(n
                                ×k)＊/
/＊设定矩阵 A＊/
a = ones(k,k); a[1,2] = r12; a[1,3] = r13; a[2,1] = r12;
   a[2,3] = r23; a[3,1] = r13; a[3,2] = r23;
a = chol(a);                    /＊取 A 的 Choleski 分解
                                结果＊/
/＊设定多元正态分布:Nk(mu,sigma^2)＊/
x = rndn(n,k);
x = x ＊ a;
x[.,1] = x[.,1] ＊ － 1;        /＊设定 r12 及 r13 为负＊/
x = means + (x . ＊ sds);       /＊生成 Nk(means, sds^
                                2)＊/
```

现在所生成的变量是 **X** 矩阵的列,包含所指定的相关性、均值和标准差。

2. 其他多元分布

构建含有指定相关矩阵但又不全服从正态分布的系列变量也许是必要的。例如,在检验 OLS 回归斜率估计的多重共线性或者模拟一系列检验量作为重要因子来进行分析时,这会非常有用。要构建这样一系列变量,基本过程与设定多元正态分布的相关矩阵类似。即我们要设定虚拟总体相关矩阵计算 **A**,然后将其与标准变量 **X** 矩阵相乘。在相关矩阵设定好之后,均值和标准差可以根据期望再进行设定。以下高斯命令将生成一系列三个变量,其中两个服从正态分布,一个服从均匀分布,期望相关矩阵由 **A** 指定(有关指定矩阵 **A** 可参考多元正态分布部分的命令):

y1 = rndu(n,1);	/＊设定 $y1$ 以 U(0,1) 分布＊/
y1 = (y1 − .5)/sqrt(1/12);	/＊用理论均值和标准差将 $y1$ 标准化＊/
y2 = rndn(n,1); y3 = rndn(n,1);	/＊设定 $y2$ 和 $y3$ 为以 N(0,1) 分布的自变量＊/
y = y1～y2～y3;	/＊将 yi 连起来以构建 **y** 矩阵＊/

y = y * a;　　　　　　　　/ * 按之前定义的矩阵

设定 y 的相关矩阵 * /

x = (y. * sds) + means;　　/ * 按之前的定义设定

x 矩阵中列的均值和标

准差 * /

该过程的问题是其倾向于将 **X** 右边列的变量"正态化"。也就是说,根据代数过程,一个标准化的 $\chi^2(1)$ 变量在经过前述过程之后其更类似于一个 $\chi^2(5)$ 变量,若其位于 **X** 矩阵的最右边。当变量在 **X** 矩阵里越靠右,效应越显著。因此,高度非正态分布的变量应该放在 **X** 的左边列。因为在 **X** 矩阵中,一个变量越靠右,问题就会越严重,所以通过该过程生成大量相关的非正态分布变量是困难的。

第 **3** 章

在蒙特卡罗模拟中运用虚体总体

　　在第 2 章中,我描述了如何生成虚拟总体的各种组成部分。在这一章里,我会讨论如何将这些组成部分整合成一个虚拟总体,以用于模拟中对各种统计量特征的评估。

第 1 节 ｜ 一个完整虚拟总体算法的例子

　　一个虚拟总体算法应该被开发为尽可能地在所有方面精确反映数据收集和分析的真实情况。这就需要研究者既要对所模拟的社会过程，又要对所用的抽样和统计技术仔细地考虑。在这一部分，我会描述如何将第 2 章所得的组成部分整合来模拟一个非常简单的社会过程。

　　我们所要模拟的情况是这样的。多洛雷丝·德尔菲尔德(Dolores Delfeld,政治学家)对解释国家立法者对商业管制的态度颇为感兴趣。对于该问题，她构建了一个 0—100 的尺度来测量这一变量，并且调查了一包含 50 个立法委员的随机样本。研究者假设党派、收入和教育程度均对这个态度有独立的影响，于是她想用 OLS 把一个多元回归模型和数据拟合。但是，有关因变量的正态分布有一些问题(因而需要误差项)，以及小样本参数推断的准确性存在问题。她因而想模拟该过程以了解有关这些情形下参数推断的准确性(第 4 章第 4 节)。

　　所有模拟的第一步就是基于研究者对关系和变量的理论知识及实践经验,写出完整的统计模型,并尽可能全面地定义模型各组成部分。在这个案例中,模型是:

$$y_i = \alpha + \beta_1 x_{1i} + \beta_2 x_{2i} + \beta_3 x_{3i} + \varepsilon_i \qquad [3.1]$$

　　对类似模型的真实数据估计检验以及相似变量的特征进行估计是得到大致准确的虚拟总体特征信息的好办法。在该例中,在对数据的检验以及前人研究总结完成之后,研究者需要确定的是,x_1(党派)应是一个虚拟变量,且在总体中 53% 等于 1;x_2(收入)应是一个对数正态分布变量,其均值和标准差分别为 35 000 和 27 000;x_3(教育程度)应是一个标准正态分布变量。x_1 与其他 x_k 之间的相关性需要为 0.00,x_2 与 x_3 之间的相关性需要为 0.70。误差项 ε 应高度右偏,其反映了 y 在她的数据中的偏斜程度。为了反映她的抽样数据,模型的 R^2 要为 0.40 左右,样本规模应为 50,并且应使用简单随机抽样。最终,她确定了如下模型参数是合理的:$\alpha = 1$,$\beta_1 = 15$,$\beta_2 = 0.0001$ 及 $\beta_3 = 2$。

　　建立虚拟总体算法的下一步是将其转化为计算机语言。首先,按要求的值设定常数。然后生成误差项,例如,令其服从包含 2 个自由度的卡方分布,并对其标准化,使得均值为 0,标准差为 1。权重因子 w 被引入用来调整 R^2。反复试验是必要的,用于确定 w 所需要的精确值。自变量的矩阵包含四列,一列为模型中的每个变量,一列为 1 的常数项。虚拟变量向量 x_1 从 Ber(0.53) 分布中被构建出。其他两个自变量首先被独立地构建出来，其均值为 0，标准差为 1，但分别服从对数正态分布和正态分布。在将 x_2 的均值和标准差分别设为 35 000 和 27 000 后，然后这些变量标准化，通过 A 矩阵的步骤将变量间的相关性设定为 0.7。

在高斯中，如下命令将生成如此的虚拟总体：

```
/ * 设定参数值 * /
n = 50;                          / * 设定样本规模 * /
let beta = 1 15 .0001 2;         / * 设定总体斜率系数 * /
w = 10;                          / * 设定误差权重值 * /
p = .53;                         / * 对 x1 = 1，设定比
                                     例 * /
df = 2;                          / * 设定卡方误差项的
                                     自由度 * /
r23 = .7;                        / * 设定 x2 和 x3 之间
                                     的相关性 * /
mn_x2 = 35000; sd_x2 = 27000;    / * 为 x2 设定参数 * /
/ * 设定卡方分布的误差项 e * /
e = chi(df,n);                   / * 生成以 χ²(df) 分布
                                     的 e * /
e = (e - df)/sqrt(df * 2);       / * 设 E(e) = 0 并
                                     sd(e) = 1 * /
```

```
e = e * w;                              / * 用 w 给 e 加权 * /
/ * 设定 x 矩阵 * /
x0 = ones(n,1);                         / * 为截距项设定向量
                                          1 * /
x1 = Ber(p,n);                          / * 生成以 Ber(p)分布
                                          的 x1 * /
x2 = rndn(n,1);                         / * 开始生成对数正态
                                          x2 * /
x2 = exp(x2);
x2 = (x2 - exp(.5))/sqrt(exp(1) * (exp(1) - 1));
                                        / * 标准化 x2 * /
x3 = rndn(n,1);                         / * 设定以 N(0，1)分
                                          布的 x3 * /
/ * 按 A 矩阵步骤设定 x2 与 x3 之间的相关性 * /
a = ones(2,2);
a[2,1] = r23；a[1,2] = r23;
a = chol(a);
x_cor = x2~x3;
x_cor = x_cor * a;
x_cor[.,1] = x_cor[.,1]
  * sd_x2 + mn_x2;                      / * 设定 x2 的比例和
                                          均值 * /
/ * 最终生成变量 y * /
```

x = x0～x1～x_cor；　　　　　　/＊构建一个$(n \times 4)$的

x 矩阵＊/

y =（x ＊ beta）+ e；　　　　　　/＊设定$(n \times 1)$向量 y

值＊/

第 2 节 | 生成蒙特卡罗估计向量

如果人们运行之前的高斯命令，x 矩阵的最后三列（自变量）和 $(n \times 1)$ 向量 y 在模拟试验的输出结果中最有用。这些数据为逐个单一实现，即根据计算机算法所定义的虚拟总体中抽取的虚拟样本。然而，如果我们通过对这些数据运行 OLS 估计模型的回归系数（如表 3.1），我们将得到毫无疑问不同于计算机计算中设定的参数值的数值。比较表 3.1 中的参数估计表现了明显的差异，且其中一些迥然不同。这并不表示我们的计算机程序有误（尽管我们需要检查存在这种情况的可能性）；相反，这表明我们所模拟的过程存在随机性而不是确定性。当数据样本由真实总体中抽取并通过统计模型进行估计，所得结果与潜在真实参数值存在随机性的差异的现象，并且这一过程在计算机中被蒙特卡罗模拟（表 3.1 是一个好例子，其形象地表明了为什么模拟器会迅速产生这样的随机变异，及研究者为什么要对点估计的"真实性"抱以强烈怀疑态度）。

表 3.1　普通最小二乘法用 Y 对 X 回归生成虚拟总体的算法

参数	虚拟总体数值[a]	虚拟样本数值[b]
α	1.0	-4.638
		(2.52)
β_1	15.0	16.834
		(2.31)
β_2	0.000 1	0.000 2
		(0.000 06)
β_3	2.0	-1.972
		(1.44)
ρ_{23}	0.70	0.80
μ_{x1}	0.53	0.44
μ_{x2}	35 000	41 616.41
μ_{x3}	0.0	0.246
σ_{x1}	0.499	0.501
σ_{x2}	27 000	34 254.36
σ_{x3}	1.0	1.345

注：$N = 50$；$R^2 = 0.37$。括号里为普通最小二乘估计的标准误。
a. 为虚拟总体生成的计算机算法所设定的参数值；
b. 使用虚拟总体算法从一个虚拟样本中算出的估计值。

　　蒙特卡罗模拟超过实际数据的独特的优势是，我们能像抽取一个样本那样轻松地抽取几百个甚至几千个样本。蒙特卡罗方法最吸引人的地方在于，它是在众多虚拟样本或者试验中研究统计量行为。如第 1 章第 1 节中所示，其基本思想是抽取一个虚拟样本，进行统计估计，保存所感兴趣的估计量($\hat{\theta}$)；再抽取另一个样本，进行统计估计，保存 $\hat{\theta}$，继续该过程 t 次。所得结果为一个($t \times 1$)的 $\hat{\theta}$ 向量，它的相对频数分布为在该特定统计情形下统计量样本分布的蒙特卡罗估计。该抽样分布可以通过很多方法来帮

助我们理解 $\hat{\theta}$ 的行为，这点第 4 章会有所提及。

但是首先，我们如何生成几千个虚拟样本并对某些统计量 $\hat{\theta}$ 的抽样分布进行估计呢？一旦生成单一虚拟样本的计算机算法被写出，进行多次试验就变得轻而易举。我们需要做的仅仅是将从数据生成到统计估计这一过程的完整算法写成循环程序。这样计算机就可以反复执行抽样、估计过程直至达到需要的试验次数。

为此，我们首先要定义需要的试验次数。然后将索引常量 t 设为 1。对于一些程序，例如高斯，需要在一开始定义一个空向量用来保存每次试验估计的 $\hat{\theta}$。然后，用 do until(或类似的)命令让计算机继续执行命令行与 endo 之间的程序，直至 t 等于所需要的试验次数。在 do 循环快结束的时候，直接在估计程序后，$\hat{\theta}$ 被存放在蒙特卡罗估计的向量中。在高斯中，这可以通过将估计值用试验次数编入向量索引，作为估计向量的行数来完成。程序执行完后，令试验索引 t 加 1(否则，当 t 无法达到所需的试验次数时，循环永远不会结束)。一旦达到了所需的循环开始时设定的 t 值时，用 endo(或类似的)命令结束循环。所有这些通常需要大约不到 10 行的命令就可以架构生成算法。

回想一下第 3 章第 1 节所讨论的虚拟总体。如果所感兴趣的统计量是 OLS 估计的 β_2，那我们该如何通过高斯生成 $(t \times 1)$ 的 β_2 向量呢？首先，我们需要做的是，将以下命令置于生成虚拟总体的算法之前，但在虚拟总体参数设定之后。

```
t = 1；                      /＊设索引 t 的初始值为
                              1＊/

mc_trials = 500；           /＊设定 500 次蒙特卡罗
                              试验＊/

beta2 = zeros(mc_trials,1)； /＊构建空向量 beta2 用
                              以存贮估计值＊/

do until t＞mc_trials；      /＊开始 do 循环,当 t＞
                              mc _trials 时结束＊/
```

现在就可以插入生成虚拟总体的代码了(第 3 章第 1 节)。要想得到所感兴趣的 OLS 估计,我们要用虚拟样本的 y 对虚拟样本 $\mathbf{x}$ 回归(除了第一列,包括了生成 $\mathbf{y}$ 所需常数项的 1)。所得 β_2 会放入该统计蒙特罗向量的第 t 行。然后令索引 t 加 1,直到循环结束命令被给出。在循环结束后,另外一个比较好的做法是插入一个 print 命令,尤其在循环过程非常复杂、费时且需要进行大量试验的时候:

```
/＊用 y 对 x 矩阵进行回归,将所得的 OLS 估计存储为向
量 beta＊/

〈vnam, m, beta, stb, vc, stderr, sigma, cx, rsq, resid,
dw〉

   = ols(0,y,x)；
let beta2[t,1] = beta[3,1]；  /＊设定 beta2 向量的第
```

	t 行为现在的 OLS 估计 */
print "Trial" t;	/* 每次试验后输出这条信息 */
t = t + 1;	/* 以 1 为变化幅度增加 t */
endo;	/* 结束 do 循环 */

第 3 节 ｜ **生成多个实验**

就如可以通过一个循环程序来生成多次试验一样，我们也可以进行多次实验。例如，一个研究者想通过在 ρ_{23} 范围内从相似模型中获得 OLS $\hat{\beta}$ 分布，以了解多重共线性的影响（见第 4 章第 4 节）。我们可以通过将完整蒙特卡罗实验算法放入另一个循环结构来实现。这与做重复试验的步骤类似，即，以标识实验次数的索引数字为条件，通过 do until 结构来执行循环。两者的区别在于，除了在每次实验结束后都要增加实验索引数字外，我们还需要增加相关参数值以指定数值。在该例中，研究者可能从 $\rho_{23}=0.95$ 开始，每次试验后令 ρ_{23} 的值减去 0.05 直到 $\rho_{23}=0.05$。

该过程需要较长的执行时间，尤其在模型和估计过程非常复杂的时候。如果一个实验要重复 t 次抽样及估计过程，那么对于 e 次实验，则所需的重复次数为 $t*e$。因此该过程最好由中央处理器或专业版个人电脑（当我们在度假时！）来实现。然而更重要的是，研究者必须确定所写计算机程序是符合研究需求的，因为直至整个程序结束之

前，我们无法进行检查。尤其重要的是，对于不同实验的
参数变化是否与所期望的变化吻合也需要检查。因为在
模拟研究中（如同在现实社会过程中），一个条件的变化可
能会影响系统中的其他条件，并且若不仔细地检查过程的
输出结果，有时这些变化是不显现的。比如，我们改变例
子中 x_2 与 x_3 之间的相关性，若不控制试验过程的 w 的某
些变化，R^2 也会变化。需要注意的是，我们只有在非常了
解某个社会过程且熟知计算机算法的时候，才可以用循环
实验。但当存在坚实严密的理论和算法时，循环实验可以
是一种非常有效的方法。

第 4 节 | 我们要保留试验中的哪一个统计量？

　　此时考虑一下要保留一个研究的每个试验中的哪一个统计量的问题。当然，这完全取决于所研究的问题，尽管相关讨论我们在第 4 章会详述，这里，指出一些可能性是有帮助的。首先，正如之前的例子，研究者可能想保存总体参数的点估计。这可以被用于评估估计量的偏差、效率、分布形态或者百分比（见第 3 章第 6 节的讨论）。

　　研究者可能想保存的另一个统计量为计数变量，该变量可用以估计某个给定虚拟样本的特征状态存在与否。例如，研究者可能想知道估计量是否高于某特定值。该统计量在评估推断技术上非常有用，比如检验统计量超过临界值的频率如何。要生成计数变量，需要两组程序。首先，在执行循环之前定义一个空向量用以保存每次试验的值：

```
counter = zeros(mc_trials,1);
```

接着,在循环结构里,在数据生成和估计程序之后,用 if - then 程序对计数变量第 t 行是否满足条件进行计分,满足条件记为 1,否则为 0。例如,在第 3 章第 1 节所用到的代码中,若研究者想知道试验比例即虚拟样本中的 r_{23} 是否小于 0.5,那么以下代码可以插在 **A** 矩阵程序与增加 t 之间的任意位置:

```
cx = corrx(x_cor);        /* 设定 cx 为 x2 和 x3 的相关矩
                             阵 */

if cx[2,1]<.5;            /* 设定执行下一条命令的条件 */
counter[t,1] = 1;
else;                     /* 如果上述条件未满足,则执行
                             以下命令 */

counter[t,1] = 0;
endif;                    /* 结束循环 */
```

由该过程我们可以得到一个 0 或者 1 的 $(t \times 1)$ 向量,取决于每次试验所得的 r_{23} 是否小于 0.5。

　　有时,保存试验中产生的统计量对诊断而非实质兴趣也是需要的。如第 3 章第 1 节中,研究者想进行模拟令 R^2 平均达到 0.4。尽管虚拟总体不变,但是由于误差项和自变量都是随机生成的,从而每个试验所得的 R^2 的值会变化。另外,期望值不能直接设定(但是斜率系数可以),原因在于 R^2 是由很多条件组合生成的。因此,找到合适的

误差权重以得到所需的 R^2 是一件反复尝试的事。设定期望的模型参数后,研究者应当尝试各种误差权重 w,保存每次试验的 R^2。若达到所需的 R^2 平均值,则采用该权重;若没有,则调整权重并重复程序。

第 5 节｜**我们要进行多少次试验？**

一旦写好生成及估计程序之后，我们接下来需要考虑的是，对于单一蒙特卡罗实验，需要多少次试验呢？这在早期模拟的历史（20 世纪 40 年代—60 年代）中，这是一个重要的问题，原因在于（1）所要模拟的工程学和原子物理学过程通常非常复杂，（2）那个时代计算机运行确实非常缓慢（Hammersley & Handscomb, 1964：chapter 1）。这就导致两种情况。第一，蒙特卡罗实验倾向于进行有限数量的试验，并且极少有试验着手；第二，随着几种"方差缩减技术"（variance reduction techniques）的发展，一些理论着手于使得蒙特卡罗模拟实验更加有效率的技术。这些技术提高了模拟的效率。然而，鉴于计算机性能的高速发展，在当今社会科学家的桌子上，即便它们可以进行最复杂的模拟，其用途也远没有之前重要。另外，即便现代计算机处理复杂问题的能力越来越强，有效率的模拟方法仍旧相当重要（参见 Rubinstein, 1981：121—153，和 Ross, 1990：chapter 8 中有关方差缩减技术的回顾与描述）。

对于所需要使试验结果有效的试验次数，并不存在一个普遍的理论标准。基于合适的模拟程序，对于任意次数试验，蒙特卡罗结果都是无偏的（Hope，1968）。另一方面，任何统计检验或比较的功效随着样本规模增强，因为一个检验统计量的效率随样本规模增加。如果我们将每次试验视为数据集中的一个个案，那么我们生成的重复试验越多，任何检验统计量的标准差越小，因为样本量与该标准差呈现负相关。这意味着蒙特卡罗实验的统计功效随着更多试验而更强。但当一个检验统计量标准差与样本量的比率级数接近 $1/\sqrt{n}$ 时，统计功效减小。

对于实验确定试验次数的另一个重要考虑是所期望得到的结果的性质。例如，若我们想得到更多关于分布"尖"部（如，尾部）的信息，那么就需要更多的试验。因为变量数值和/或其统计量在尾部出现的频率远远低于"厚"部。需要进行大量的试验来完全充实这部分。这就意味着对一个正态的 α 水平为 0.05 的假设，对犯一型错误比率的评估相比于对统计量偏差的评估，需要更多次数的试验，因为前者主要处理的是分布尾部，而后者关注于分布中部（该情形适用于单峰且相当对称的分布）。

对于给定实验需要多少次试验的问题，最佳的实践建议是"许多"！大多最近发表的模拟的试验超过 1 000 次，模拟 10 000 到 25 000 次试验是常见的。采用许多试验的原因在于功能强大的计算机是可获得的，并且在社会科学的模拟中,需要许多次数,因为我们大多关注分布尾部的信息。我的建议是在开发程序及探索性分析阶段应进行尽量少的试验和个案(例如,1—100),而在最终完整实验阶段进行尽量多的试验(例如,1 000—25 000)。这样可以减少过程所耗的时间,但提高在真正检验阶段的统计功效。

第 6 节 ｜ 评估抽样分布的蒙特卡罗估计

一旦模拟的算法被写好、检查好并执行后,结果通常为一个 $\hat{\theta}$ 向量。$\hat{\theta}$ 是相对频数分布,即在特定统计情况下,$\hat{\theta}$ 抽样分布的蒙特卡罗估计。那么,我们应该如何运用该估计量来理解 $\hat{\theta}$ 的行为呢?

评估单一试验的输出结果

由于所模拟的 $\hat{\theta}$ 的相对频数分布是 $\hat{\theta}$ 抽样分布的一个估计量,其基本特征包含丰富的信息。根据分布的中心极限定理,我们估计统计量的偏差为:

$$\text{偏差} = \text{E}(\hat{\theta}) - \theta \qquad [3.2]$$

由于 θ 是已知的(计算机算法已经设定好),$\hat{\theta}$ 的偏差估计可以通过令 $\hat{\theta}$ 的均值减去 θ 得到。该统计量的变异可以简单地通过取向量的标准差得到。这样我们就可以用其比较两个统计量的效率。要得到统计量的均方误差，我们可以先构建一个向量 θ，然后令向量 $\hat{\theta}$ 中的每个元素都减去 θ，对该差取平方，再对所得的向量取平均值。假设 b 为保存在 $(t \times 1)$ 向量中 t 次试验所得的统计量，那么接下来的高斯代码就可以生成每个可估计统计量。

```
mean_b = meanc(b);          / * 生成向量 b 的均值 * /
sd_b = stdc(b);             / * 生成向量 b 的标准差 * /
theta_v = theta * ones(t,1); / * 设定一个 theta 值的 (t × 1) 向量，b 的总体参数是估计量 * /
sq_dif = (b - theta_v)^2;   / * 生成一个 b 与 theta 差的平方的向量 * /
msd = meanc(sq_dif);        / * 生成 b 的均方差 * /
```

我们对 $\hat{\theta}$ 的百分位值也感兴趣，尤其是在做推断检验的时候。例如，研究者可能想知道 2.5 百分位点的值以便与 $\alpha = 0.05$ 置信区间端点相比较。任何百分位点的数值（per）都可以通过(1)将 $\hat{\theta}$ 按升序排列，(2)从向量中选择（[$per/100$] $* t$）个事件获得。若（[$per/100$] $* t$）为非整数或者 0，那么我们就需将其取最接近的正整数。当需要得到分布尾端的百分位点值时，我们就要进行大量试验。另外，试验次数越多，化整误差（rounding error）在索引中的重要性就越小。用高斯代码从一个 $(t \times 1)$ 估计向量 **b** 中提

取 per 百分位点，可写为：

```
sort_b = sortc(b,1);            / * 基于 1 列（此处唯一
                                列）对 b 进行排序 * /
per_t = ceil((per/100) * t);    / * 对该 t，设定与 per 相
                                关的个案数 * /
per_b = sort_b[per_t,1];        / * 从排好序的向量 b
                                中选择 per_t 个案 * /
```

　　我们也关注所估计的 $\hat{\theta}$ 抽样分布的函数形式，例如，什么时候需要对该分布进行正态分布假设，以便于做参数推断。要理解该函数首先要设定一个关于 $\hat{\theta}$ 的简单直方图，并估计出与正态分布相比两者偏度和/或峰度的显著差异。再次，试验次数越多，该分布形态就越清晰。偏度和峰度系数可以给我们一个更加精确的估计：

$$偏度估计\sqrt{\hat{\beta_1}} = \frac{\sum_{i=1}^{t}(\hat{\theta}_i - \hat{\theta}_{(.)})^3/t}{\left(\sum_{i=1}^{t}(\hat{\theta}_i - \hat{\theta}_{(.)})^2/t\right)^{3/2}} \qquad [3.3]$$

$$峰度估计\ \hat{\beta_2} = \frac{\sum_{i=1}^{t}(\hat{\theta}_i - \hat{\theta}_{(.)})^4/t}{\left(\sum_{i=1}^{t}(\hat{\theta}_i - \hat{\theta}_{(.)})^2/t\right)^2}, 其中\ \hat{\theta}_{(.)} = \frac{\sum_{i=1}^{t}\hat{\theta}_i}{t}$$

$$[3.4]$$

其中，t 为试验次数。对于一个服从正态分布的 $\hat{\theta}$，其偏度的期望值为 0，峰度为 3，但抽样估计将在这两个值上下波

动的。Jarque-Bera 综合检验合并了偏度和峰度估计量,从而我们可以对 $\hat{\theta}$ 的正态性进行概率推断(Jarque & Bera, 1987):

$$W = n * \left[\frac{\hat{\beta}_1}{6} + \frac{(\hat{\beta}_2 - 3)^2}{24} \right] \sim \chi^2_{df=2} \qquad [3.5]$$

零假设为 $\hat{\theta}$ 服从正态分布。低统计功效是该估计量及其他拟合优度检验一个共同问题。另外,如同卡方检验,Jarque-Bera 更易受样本规模影响,因此在蒙特卡罗模拟中,即便我们可以证明正态分布在模拟中是合理的,所进行的大实验也常常偏离正态分布。

对于 t 次试验所得的估计向量 **b**,以下高斯代码计算偏度和峰度系数、Jarque-Bera 检验统计量 w,同时还可以给出当 **b** 服从正态分布时,所得观测值的概率数值。

```
m1 = b - meanc(b);          /* 对变量 b 中心化 */
m3 = sumc(m1^3)/t;          /* 设 m3 为 b 的第 3 力矩 */
m4 = sumc(m1^4)/t;          /* 设 m4 为 b 的第 4 力矩 */
var_b = sumc(m1^2)/t;       /* 设定 b 的方差 */
skew = m3/(var_b^1.5);      /* 计算偏度系数 */
kurt = m4/(var_b^2);        /* 计算峰度系数 */
w = t * (((skew^2)/6 + (((kurt - 3)^2)/24));
                            /* 计算 w,即正态性的
                            Jarque-Bera 检验统计量 */
```

prob_w = cdfchic(w,2);　　　／＊从 χ^2 分布（$df=2$）中生
　　　　　　　　　　　　　　成 w 的概率值＊／

简便起见，这里我将这些命令定义为一条高斯程序：

〈skew，kurt，w，prob_w〉= jarqbera(test_variable,n);

对一个含有 n 个个案、test_variable 的变量，该命令可以
返回估计的偏度和峰度系数、Jarque-Bera 检验统计量以及
从正态分布的总体变量中抽取得到的概率。

评估多次试验的输出结果

解释蒙特卡罗模拟的一个问题是其特定性（specificity），
即单一实验的结果只适用于指定虚拟总体的统计情况
（Hendry，1984）。[14]统计量的行为会不会随样本规模、自
变量间的相关矩阵、误差分布或者其他不同而不同呢？过
去一二十年来，当计算机变得越来越强大（Mooney &
Krause，出版中），这使得如今的蒙特卡罗实验可以通过各
种不同的条件下的大量实验来回答这个问题。程序的相
关机制在第3章第3节中已有讨论。在这一部分，我将讨
论在设计和分析多次实验时的一些思考。

近年来，因为对任何复杂性运用多次蒙特卡罗实验已
经变得可行，所以这些研究的实验设计的原则少有讨论
（Johnson，1987：6；但参见 Kleijnen，1975：chapter 4）。但

是在设计这些实验中，至少有两个核心问题研究者必须仔细考虑：变异性的潜在来源的多样性以及这些来源间的相关性。

有关影响实验结果的因素通常有很多，包括样本规模、每个变量的分布函数、变量之间的相关性以及随机成分的大小和分布，等等。另外，每一个成分的潜在变异性都很大。例如，一个单一变量可由多种函数生成，并且每个函数都可包含许多不同的参数值。而且各种潜在因素特征的组合数目以乘法形式不断增加。以一个二元回归模拟为例，若只用 3 种分布的 x 和 3 种误差项就会模拟出 9 个唯一组合。因为这种情况，我们需谨记以下这点：研究者要尽可能全面地了解他或她所要模拟的社会过程。在模拟中，令那些他或她相对确定的因素保持不变而只变化那些存在理论争论的因素，这点很重要。任何不在可行范围内的或者不影响我们所关心的实验结果的变异都要去除。以二元回归为例，若自变量在真实世界中明显服从均匀分布，那么研究者不应在模拟中改变其分布。

设计一组蒙特卡罗实验的另一个问题是我们所假设的实验结果的影响因素是相关的。例如，改变回归模型中的异方差性会影响平均 R^2，因为其改变了平方误差水平。在实验设计中，我们的最终目的是为了通过独立改变各种因素以得到每个因素的独立影响，因此实验者要将不同实验间的相关性控制住。如第 32 页所提及，用变量的不同分布函数常常会改变其期望值和方差。这个问题可以通过使用标准化变量，然后将其转化成所需的初始矩阵形式得以解决。或者，有时可能需要一个特设程序（ad hoc procedure）减小各实验间的相关性。在异方差性/R^2 的例子中，如果 R^2 随异方差性的增加而减小，那么研究者可以在实验循环中加入一个递减的误差权重，从而可以在异方差性增加的情况下减少误差。

在说明了这些问题之后，设计多次实验模拟的下一步就是指明每次实验的输出变量。这通常是根据研究问题和所估计的 $\hat{\theta}$ 抽样分布得出的一个常量（或是一组常量）。第 93 页中我描述了一些明显的候选项：$\hat{\theta}$ 的偏差估计、均方误差、偏度、峰度及正态分布的概率。其他将在第 4 章讨论的统计量还包括一型和二型推断错误的观察水平以及矛盾估计间的差异。要点是要定义每个实验中估计研究者感兴趣的特性的统计输出。这个估计随后在每次实验后被收集和存贮。

对于每次实验，那些假设会影响估计统计量的实验特征值也要被收集和存贮。例如，如果假设当回归模型自变量间相关性增加，OLS 斜率估计的均方误差也会增加时，每次实验所得的相关性数值就要被收集和存贮。所要保存的实验因素或者由虚拟样本数据估计出（如平均 R^2），或者由虚拟总体设定好（如样本规模）。

现在实验输出就可以被整理为一个数据矩阵了，其每一行为一个实验输出,每一列为每个实验的影响因素。那么,分析这些数据就变得非常自然,就如同人们分析一个通过物理实验得出的数据,其一个变量被认为是其他很多回归分析变量的函数,因变量为所要评估的统计量,自变量为实验影响因素。然而,正如实验研究一样,在蒙特卡罗模拟实验研究里,有关如何指定因变量和自变量之间关系的函数形式没有一个好的理论指引。我们只可以运行一个线性 OLS 模型,但是例如 R^2 对均方误差的影响为非线性又该如何呢?

关于解决不确定的函数形式的问题,有一个广泛应用的方法,称作响应面分析(response surface analysis,RSA,Hendry,1984)。RSA 是通过 OLS 回归用逐步复杂的多项式模型来探究 y 与 **x** 之间的关系,直至达到满意拟合的数据被找到(Box & Draper,1987)。这涉及以线性模型为开始,进入二级多项式模式,即用 x 项的平方和所有 x 中可能的二元交互项,之后再尝试三级多项式模式,等等:

一阶: $y = \alpha + \beta_1 x_1 + \beta_2 x_2 + \varepsilon$

二阶: $y = \alpha + \beta_1 x_1 + \beta_2 x_2 + \beta_{11} x_1^2 + \beta_{22} x_2^2 + \beta_{12} x_1 x_2 + \varepsilon$

$$[3.6]$$

当所用到的多项式级别越高,拟合就越好,但是容易发现即便在只含有几个实验因素的结果,其模型自由度会消耗得越来越快。相对于物理实验,该问题在蒙特卡罗模拟中并不严重,然而,通常因为它需要远少的资源来重复前者,相较于后者。

模拟拟合到什么程度我们才可以停止继续增加模型的复杂度并接受该模型设定呢?博克斯和德雷珀(Box & Draper,1987:275—278)建议用模型的观测到的 F 统计量作为标准。他们建议,当 $F_{ob} > (F_a * 10)$ 时,人们可以接受该模型设定。这时,我们可认为数据中所包含的关系已经通过分析被充分检验。RSA 模型由 R^2 所总结的拟合度,将取决于虚拟总体生成过程中随机变异的大小,且该虚拟总体生成过程是产生实验数据的关键。

对于最终 RSA 模型,所有常规的设定检验都需要执行以估计 OLS 回归假设的可信度。异方差常常是一个问题(Hendry,1984),然而其可通过估计斜率的怀特(White,1980)标准误来调整以进行推断检验。

RSA 的输出可以像其他任何回归分析的输出那样被解释。一个统计显著的斜率表明该因素或者该交互项对估计统计量有一个非零效应,效应的方向由所得系数的符号决定。然而,因为交互项甚至二阶模型的多项式都可能使实验因子的解释变得困难,常用的做法是在因素的值中对性能统计的预测值作图。做图可以更清楚直观地反映出自变量和因变量之间的非线性关系,而非简单地估计系数。参见第 4 章第 4 节和第 4 章第 5 节有关 RSA 例子及图表输出形式。

第 **4** 章

蒙特卡罗模拟在社会科学中的运用

在第 2 章和第 3 章中，我讲述了有关蒙特卡罗模拟的组成部分，以及如何执行模拟实验。在这章里，我将引入这些机制，同时讲解在社会科学中，如何用蒙特卡罗模拟描述各种情况。本章使用的模拟既不相互独立也不彻底；而是只出于教学参考目的被提供。毋庸置疑，那些富有创造力的社会科学家会发现模拟的更多应用，正如这项技术仍然还是有待发掘的宝藏。在本章中，有两个用途没有讨论，一个是在贝叶斯统计推断（Bayesian statistical inference）和自助统计推断（bootstrap statistical inference，Efron & Tibshirani，1993；Gelman et al.，1995）中的运用，另一个是在教授统计学时的运用（Mooney，1995；Simon & Bruce，1991）。

第 1 节 │ 当估计量弱统计理论存在时的统计推论

标准参数推断需要有关估计量的高级统计理论。由于抽样数据中的分布参数估计由公式而来,因此有关数据的条件抽样分布的分析证明是必要的。若可以证明,该方法引出的统计推断是准确且容易实现的,并且这就是该方法在当今社会科学中占据主导的推理范式的原因。但是存在该方法并不适用的情况。第一,检验得以建立的条件在某一情况下并不被成立。例如,根据高斯-马尔科夫理论,著名的 OLS 回归假设必须在斜率估计方差最小且线性无偏的情况下才适用。这些条件不能被满足,我们就无法确定这些估计量的属性。在第 4 章第 4 节中,我讲述了蒙特卡罗模拟如何被用来评估违反这些假设对参数推论的影响。

参数推论的分析数学失败的第二种情形是,一个统计量的分布在任何情况下都不存在一个完善的统计理论支持。这个情形就是我在这部分所关注的。有时,研究者可能想用一个统计量来满足他或她研究的问题的实质性需要，但是却对该统计量的分布一无所知。在这个案例中，我们对点估计或者基于该统计量得到的任何总体值推断就很难有信心。例如，巴特尔斯（Bartels，1993:274）用一个相关回归系数比率来推断有关媒体在形塑民众对总统候选人的看法方面的影响。这个"新"自定义的统计量清楚地表达了他研究的实质性问题；但是遗憾的是，有关这样一个点估计并无统计理论支持。他的估计量是无偏的吗？它的抽样分布是什么？此时，分析统计学理论无法提供指导作用。

当社会科学家有了越来越多的统计经验，且可以不依赖于那些强统计理论下的统计量时，这种情况愈发普遍。确实，除了抽样均值及从其中衍生出来的统计量，比如OLS回归系数，很少有统计量伴随着与它们相关的普适的强统计理论（Efron & Tibshirani，1993:12）。目前已经在社会科学中使用且与弱统计理论相关联的估计量包括，因果模型中的间接路径、特征值、切换回归模型（switching regression models）的切换点（switch point），以及两个中位数之差，等等。另外，还有许多统计量组合，如巴特尔斯的估计量或者等下我们会讨论的杰克曼（Jackman）的"选票偏差"估计，等等。

蒙特卡罗模拟可以被用来以如下方式理解这些统计量的行为。如果我们知道（或者期望假设）该统计量的组成部分,就可以通过模拟这些组成部分,计算统计值,来进一步探究所得估计量的行为。此时,虚拟总体就是由一组该统计量的组成部分变量所构成。相对于参数估计值本身,我们就会知道更多模型中变量的行为。例如,杰克曼(Jackman,1994:327)构建了一个选举百分比的估计量,"选票偏差",用以估计少数党在两党系统中赢得50%议会席位所需的选票:[15]

$$\text{估计(选举偏差)} = \frac{\exp(-est.\{\log[\beta]\}/\hat{p})}{1 + \exp(-est.\{\log[\beta]\}/\hat{p})} \quad [4.1]$$

其中,

$$\log(y_i) = \log(\beta) + \rho * \log(x_i) + \ln(\varepsilon_i) \quad [4.2]$$

由方程 4.2 可以看出,通过对数转换后,少数党对多数党席位比率(y)是少数党对多数党选票比率(x)的函数(Schrodt,1982)。尽管杰克曼的选票偏差估计提供了两党系统中有关偏差的一个直接且重要的解释(Kendall & Stuart,1950),其统计属性却无法在理论上被解释,尤其当样本规模很小的时候。但是因为我们知道一些关于计算该估计量所用的相关变量的分布,我们可以用蒙特卡罗模拟来实验性地探究选举偏差的属性。

表 4.1　关于选举偏差估计评估试验的虚拟总体的特征

变量	均值	标准差	分布
少数票	45.66	3.26	正态
多数票	52.81	3.04	正态
ε	0	1.0	正态

注:常量数值: $\log(\hat{\beta}) = -0.152$,$\hat{\rho} = 1.942$,样本规模 $= 29$,$R^2 = 0.744$。表中参数为方程 4.2 所设,这是基于美国议会选举数据(1932—1988)对投票/席位建模。

　　构建这样一个实验的第一步是了解所要模拟的数据和模型。例如,如果我们想要获知 1932—1988 年美国议会选举检验选举偏差估计量的属性,那么虚拟总体的组成部分应该如表 4.1 所示。我们需要生成这些组成部分,依据方程 4.2 将其合并,然后计算出方程 4.1 中的选举偏差估计。通过该过程的多次试验即可得到该情形下选举偏差估计抽样分布的蒙特卡罗估计。

　　通过计算其均值、标准差、偏差(虚拟总体值——估计的均值),及偏度和峰度系数,进行正态检验,并且以图形方式检验其分布,我们使用抽样分布的蒙特卡罗估计以了解选举偏差估计。有关过程中的 10 000 次试验特征可见表 4.2 及图 4.1。很明显,杰克曼估计量在实验中表现非常好。其偏差统计量非常小,在 1/5 标准误以内,并且标准误相较于估计量的值本身也很小。这说明杰克曼估计量是总体参数的有效并且也许无偏的估计量。这点对于指定在考虑中的数据样本是重要的,因为由美国议会数据得到

的点估计为 0.52,其与由逻辑得出的零假设值 0.5 相差不
远。而若我们不了解该统计量的变异非常小,我们就很难
判断究竟该估计量在系统中是否存在非零偏差。图 4.1 展
示了选举偏差估计的直方图,可以发现右偏尖峰分布(注
意叠加正态分布)和围绕均值的紧密分布,特征都总结在
表 4.2 中。这一实验结果因而给我们对估计量在来自真实
总体的样本中如何行为以一个大致的了解。如下的高斯
代码将执行这一选举偏差实验:

```
/* 设定参数 */
n = 29;                                    /* 设定样本规模 */
mc_trials = 10000;                         /* 设定试验次数 */
log_beta = - .152; rho = 1.942;           /* 设定虚拟总体参
                                              数 */
/* 计算虚拟总体偏差估计 */
pop_bias = (exp((- 1 * log_beta)/rho))/
    (1 + (exp((- 1 * log_beta)/rho)));
w = 1;                                     /* 设定误差权重 */
index = 1;                                 /* 初始化试验索
                                              引 */
bias_mc = zeros(mc_trials,1);             /* 为偏差估计设定
                                              空向量 */
r2_mc = zeros(mc_trials,1);               /* 为试验 R² 设定
```

```
                                    空向量 */
do until index>mc_trials;          /* 开始蒙特卡罗循

                                   环 */
  repvote = (rndn(n,1) * .0326) + .4566;

                                    /* 模拟共和党选

                                   举 */
  demvote = (rndn(n,1) * .0304) + .5281;

                                    /* 模拟民主党选

                                   举 */
vote_rat = ln(repvote./demvote);   /* 设定 X 变量 */
err = log(rndn(n,1) + 10);          /* 设定误差项,在取

                                   对数前加 10 */
err = err - ln(10);                 /* 加入误差权重常

                                   数 */
  err = err * w;
y = log_beta + (rho * vote_rat) + err;

                                    /* 模拟因变量 */
/* 用模拟出来的 y 对 x 回归 */
screen off;                         /* 不显示多余的回

                                   归输出 */
output on;
{vnam,m,slopes,stb,vc,stderr,sigma,cx,r2,resid,
dwstat}
```

```
                = ols(0, y, vote_rat);        / * 用 y 对 vote_rat
                                                回归 * /

screen on;

   output on;

/ * 计算偏差估计并将其存放于 MC 向量里 * /
bias_mc[index,1] = (exp(
   - 1 * slops[1,1]/slopes[2,1]))/
   (1 + (exp( - 1 * slopes[1,1]/slopes[2,1]))));
/ * 保存每次试验的 R 的平方,并评估用数据的模拟的一
致性 * /
r2_mc[index,1] = r2;

   index = index + 1;              / * 增加试验索引 * /

endo;                             / * 试验结束 * /
```

表 4.2　图 4.1 中选举偏差估计的样本分布特征的蒙特卡罗估计

均值	0.521 0
标准差	0.007
偏差	− 0.001
偏度	0.829 5
峰度	4.719 9
最小值	0.500 7
最大值	0.575 7
Jarque-Bera 检验统计量	2 379.29 *

注:蒙特卡罗试验:平均 $R^2 = 0.75$,虚拟总体选举偏差=0.519 6,试验次数=10 000,对一个处理器为奔腾 133 的 IBM 计算机而言,处理时间为 1.40 分钟。

* p(选举偏差～N)<0.01。

　　与进行假设检验的方法相似,我们还可以通过这个蒙特卡罗模拟来表达选举偏差的总体值。回想一下经典假设检验,即鉴于总体参数值存在零值,评估所得统计量的取值达到特定值的概率。我们可以通过蒙特卡罗实验,设定虚拟总体中存在疑问的参数为零值,然后算出所有试验中,出现该参数估计值大于或者小于某一真实数据中观察到的估计值的百分比。这是一个基于虚拟总体,对所观测到的估计在多大程度上与我们在数据中所观察到的估计相符的概率估计。当然,该过程需要基于假设——除了虚拟总体中的零值,其他所有参数和真实总体中的一致。为更好地近似这一条件,在初始模拟设定中就需要尽量少做改动,最好只改变一个所关注的参数的值。

　　在选举偏差模拟中这样做的时候,我们需要设定虚拟总体参数为 0.50,因为我们想知道少数党是不是需要得到超过 50% 的选票才能赢取议会选举 50% 的席位。检验这个假设最直接的方式是只改变表 4.1 中 $\log(\hat{\beta})$ 参数值(从 −0.152 到 0.000)。在美国议会数据中,所要估计的选举偏差 0.52 为要检验的测试值。这里我们想要说明的问题为,给定虚拟总体的值 0.50,估计值大于 0.52 的概率是多少? 该过程可首先通过之前的高斯代码,将 $\log(\hat{\beta})$ 变为 0.000,然后通过加入以下行来估计在所有实验中超过 0.52 的试验百分比来执行:

```
too_high = bias_mc>.52;          / * too_high 是一个
                                   个案为 0 或 1 的（t
                                   ×1）向量，其为 0 或
                                   为 1 取决于该条件
                                   是否被满足 * /
prop = sumc(too_high)/mc_trials; / * prop＝bias_mc
                                   大于 0.52 的试验的
                                   比例 * /
```

　　在使用这个程序的 10 000 次试验的实验中，只有 34
个试验其观测到的选举偏差大于美国议会数据中所示的
选举偏差，即可以拒绝零假设的一型错误水平估计 $\hat{a}$ 为
0.003 4。由于该 $\hat{a}$ 比通常可接受的 α 水平要小，我们可以
拒绝零假设（选举偏差＝0.50）。假设虚拟总体模型剩余部
分可真实准确地反映当时的选举系统，那么推断美国的选
举系统因而很有可能存在偏差。最后需要注意的是，与参
数推断同样重要的是，在进行蒙特卡罗模拟时需要根据实
质理论和也许更确凿的证据来核实。

　　该蒙特卡罗假设检验说明了，当过程没有被正确执行
时，了解检验假设的内容和误差产生途径的重要性。研究
者可能想通过在投票偏差为 0.52 的给定虚拟总体中，计算
选举偏差小于 0.50 的个案比例来检验假设——选举偏差
＝0.50。这样颠倒了原先的假设，因为此时估计的是观测

值为 0.50 而真实值为 0.52 的概率。尽管对于对称分布统计,相反的结果与正确的结果是渐进等价的,但是当一个统计量有偏时,如选举偏差的估计,那么之前的结果就会出现错误。原因在于正确方法的临界区位于分布的右尾,而相反设定会将临界区置于删截掉的左尾。因此,零值和观测值同样距离的部分可能会产生非常不同的估计概率,而差异程度的不同取决于临界区到底位于分布的哪一边。

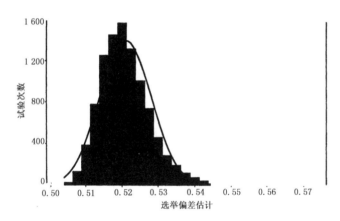

图 4.1　选举偏差估计的直方图

第 2 节 | 在多种可能条件下检验零假设

如第 4 章第 1 节，研究者可能想用蒙特卡罗模拟来检验一个零假设，但是却不确定如何构造背后的虚拟总体。例如，我们可能想用李帕特和克雷帕兹（Lijphart & Crepaz，1991）构建的政府社团主义（government corporatism）指数来检验相对于平均水平，美国（分值为－1.341）的社团主义是不是更低。即使该问题可以被概念化以便于用参数统计检验，然而这样做可能不太合适，考虑到变量不是正态分布（基于理论考虑和观测到的数据）且样本规模只有 18（李帕特和克雷帕兹仅估计了主要的工业化国家）。如果我们知道变量的潜在分布，那么接下来的步骤就会很容易，如第 4 章第 1 节所示，但是当我们对该分布的相关内容没有信心时，应该怎么办呢？

当对变量的分布形式不确定时，我们可以指定分布的范围。然后在虚拟总体中，用这些分布进行一系列实验，以检验每个实验的零假设。实验结果可以帮助我们判断总体中零假设的可能性。

例如,现在我用各种分布来执行 78 个实验,以检验使用李帕特和克雷帕兹指数,相对于工业化国家的平均水平,美国政府社团主义是不是更低。对于每个实验,其中心问题为,在一个标准化的量度上,生成小于－1.341 的个案的比例是多少(零假设——虚拟总体的均值为 0)?该比例是所观测的得分与美国真实的潜在得分 0 一致的概率估计。即这一估计是一型错误错误地拒绝零假设的估计,$\hat{\alpha}$。利用社会科学常用的 α,我们可以判断总体中的零假设。

我用一系列贝塔分布来生成我的虚拟政府社团主义的数据。通过令参数 a 和 b 从 1 到 30 独立变化,以得到变量 x 的虚拟总体分布,变量分布由均匀分布,到近似正态分布,再到一系列高度正偏和负偏函数。由于我们不清楚潜在的总体生成函数,分布的宽范围是合适的。以下高斯代码所生成的实验为,保持 $b=30$,参数 a 由 30 变到 1.01:

```
/*设定参数*/
n = 10000;                    /*设定样本规模*/
orig_a = 30; orig_b = 30;
a = orig_a; b = orig_b;       /*设定贝塔参数*/
test_val = -1.341;            /*设定所要评估的检
                               验统计量的值*/
expers = 15;                  /*设定所要运行的实
```

```
                                    验次数;必须大于 1 */
/* 设定必要数值 */
exp_num = 1;                        /* 设定实验的索引 */
output = zeros(expers,6);          /* 为实验结果设定空
                                      向量 */
do until exp_num>expers;           /* 实验循环开始 */
x = bet(a,b,n);                    /* 生成一个贝塔分布
                                      的变量 x */
/* 将 x 标准化为均值等于 0,标准差等于 1 */
x = (x - (a/(a + b)))/(sqrt((a * b)/((a + b)^2 * (a + b +
1))));
/* 计算以及从实验中存贮输出 */
dummy = x.<test_val;               /* 对每个个案,如果
                                      x < test_val,设定虚
                                      拟变量为 1 */
output[exp_num,1] = sumc(dummy)/n;
                                   /* 设定第 1 列为 x <
                                      test_val 的比例 */
output[exp_num,2] = a;             /* 对于实验,设定第
                                      2 列为 a 值 */
output[exp_num,3] = b;             /* 对于实验,设定第
                                      3 列为 b 值 */
{skew,kurt,w,prob_w} =
```

```
jarqbera(x,n);                    /* 对 x 运行正态检

                                     验 */

output[exp_num,4] = skew;         /* 设定第 4 列为 x 的

                                     偏度系数 */

output[exp_num,5] = kurt;         /* 设定第 5 列为 x 的

                                     峰度系数 */

output[exp_num,6] = prob_w;       /* 设定第 6 列为 x 为

                                     正态分布的概率 */

exp_num = exp_num + 1;            /* 增加 exp_num */

/* 增加 a 值 */

a = a - ((orig_a)/(expers - 1));

if a < = 1;                       /* 循环以保证 a >

                                     1 */

a = 1.01; c

endif;

endo;                             /* 停止实验循环 */
```

图 4.2 显示了，对于大多数实验，$\hat{\alpha}$ 大于 0.05。使用一个为 0.05 的常规可接受的 α 水平，我们可以得出结论：在政府社团主义众多可能的总体分布中，零假设即美国和工业化国家的平均程度没有显著差别，不能被拒绝。

另外，图 4.2 还显示了，有一些实验有非常小的 $\hat{\alpha}$，这说明在某些条件下，零假设可能不正确。我们就必须问自

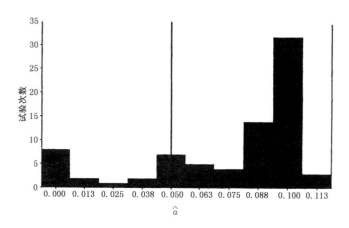

图 4.2 社团主义实验的 $\hat{\alpha}$ 的直方图

己,这是基于什么情况呢?这些情况在真实世界中是否可能存在?虚拟总体在不同实验中变化最大的两个特征是变量的偏度和峰度。通过将每次实验所估计的偏度和峰度系数保存下来,我们可以发现这些特征是不是与 $\hat{\alpha}$ 相关。图 4.3 展示一次实验中变量 x 的峰度分布与 $\hat{\alpha}$ 的关系。y 轴上的参考线显示了常规 $\alpha = 0.50$。一个有趣的图样浮现在此图中。在峰值 1.8(均匀分布)到 3.0(正态分布,若对称)之间,峰度对 $\hat{\alpha}$ 影响很小,且所有实验结果均在 0.05 水平之上。但是当变量越来越尖,实验分叉为两个不同的方向。上面一组一直保持在 $\hat{\alpha}$ 水平 0.10 的范围,而下面一组迅速下滑,在峰度值为 6.0 时,所估计的 $\hat{\alpha}$ 已基本与 0.00 平齐。为什么有些实验会受到峰度的影响,有些不会?答案在于实验设计和变量的偏度。

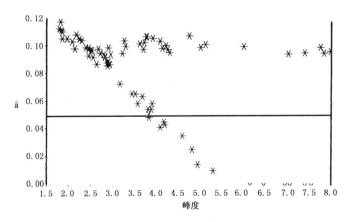

图 4.3 峰度与 $\hat{\alpha}$

在贝塔分布中,偏度和峰度之间的相关性共同取决于
参数 a 和 b(表 2.3)。贝塔分布变量的偏度绝对值越高,峰
度越高,但是反过来却不一定如此(比如,现实中可能存在
高或低峰度的对称贝塔分布变量)。因此,可能是由于变
量的偏斜导致了图 4.3 中所示的奇怪图样。图 4.4 展示了
生成变量的偏度与 $\hat{\alpha}$ 之间的关系,并表明事实就是这样。
偏度对 $\hat{\alpha}$ 的影响很大,但只有当它为正的时候。一个左尾
又短又厚的正偏分布可能会大大降低 x 小于 -1.341 的几
率,这在直觉上讲得通。当生成变量的偏度系数达到 1.0
时,$\hat{\alpha}$ 小于 0.50。因此图 4.3 中的奇怪图样是一些高峰实
验呈现负偏(上面的点),而另一些呈现正偏(下面的点)的
结果。

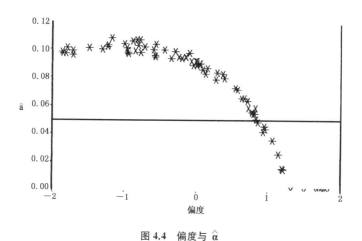

图 4.4 偏度与 $\hat{\alpha}$

　　从而,有关这些实验的解释是有条件的。如果潜在的
社团主义变量的偏度系数小于 1.0,那么我们无法在 0.05α
水平下拒绝零假设,即美国政府与工业化国家的平均水平
一致。然而,当变量存在其他单峰分布的时候,我们就可
以有信心地拒绝此零假设。那么,现在问题变为政府合作
变量实际上是如何分布的呢?这个只有通过现有理论或
者从检验真实数据中得到答案。

　　而通过该方法做推断的一个重要问题是我们永远不
知道我们检验的确切的 α 水平。在参数假设检验中,如果
过程中所有假设成立,那么我们就可以通过指定检验过程
中的 α 来设定一型错误率。但是要估计包含一系列统计零
假设的实质性零假设,最好就是犯一型错误的概率存在一
个最低概率和一个最高概率,但是这只有在所有实验的零

假设被拒绝或者未拒绝情况下才可能。若存在一种情况，如图 4.2 及图 4.3 所示，在一些条件下，零假设会被拒绝而在另一些条件下却不被拒绝，这时候我们就无法做出这样的总结。另外，值得注意的是，一般做出条件性结论及有充分证据的有限结论，比在错误假设下做出确切普适的结论要好很多。

第 3 节 ｜ **评估推论方法的质量**

在进行统计推断时，我们需要考虑两种错误类型：一型错误，即零假设为真，却被拒绝了；以及二型错误，即，零假设为假，却没有被拒绝。除了以下特别的例子可以用分析数学方法来解决，要评估检验中这些错误的比率，我们需要知道总体参数的真实值。考虑到我们进行推断检验时，由于我们并不知道参数的值，如果不看真实世界的数据就很难发现推断错误。因为通过蒙特卡罗模拟我们才能得到关于总体参数的信息，因此蒙特卡罗模拟是唯一一个进行评估检验的最普遍的方法（Davidson & MacKinnon，1993：768）。

在许多情况下，研究者会需要估计推断方法的错误率。如若所有检验的假设都吻合，那我们就知道参数推断的一型错误率，但是这可能是个例外。当违反模型假设时，参数推断的一型错误率又如何呢？检验的二型错误率是多少？当不存在强参数理论时，统计量检验的一型、二型错误率是怎样的？在本章第 4 节，我将探讨有关在假设不满足时如何估计参数检验的一型错误率。在这一节里，我会讨论当参数理论薄弱或不存在时检验的错误率。

估计推断检验的一型错误率背后的基本逻辑直接源于有关一型错误的定义：

1. 在零假设为真时，由虚拟总体中生成一个虚拟样本；

2. 估计模型；

3. 设定期望置信 α 水平并进行推断检验；

4. 评估是否存在一型错误（即，有没有真的零假设被拒绝？）；

5. 重复 t 次试验。

试验的 $\hat{\alpha}$ 是零假设被（错误地）拒绝情况下的试验比例。

要估计检验的二型错误率，步骤与之前基本相似，但是存在一个重要的区别（例如，Duval & Groeneveld, 1987）。因为二型错误通常在我们错误地没有拒绝一个假的零假设的情况下发生，那么零假设在虚拟总体中必须为假才可以：

1. 在零假设为假时，由虚拟总体中生成一个虚拟样本；

2. 估计模型；

3. 设定期望置信 α 水平并进行推断检验;

4. 评估是否存在二型错误(即,有没有假的零假设没被拒绝?);

5. 重复 t 次试验。

所估计的试验二型错误率是零假设未被(错误地)拒绝情况下的试验比例。

当评估二型错误率时,考虑总体和零值就估计统计量的标准差而言两者之间的差异是重要的。因为不论统计量分布如何,当零值离真参数值越远,二型错误率就越低。这与一型错误率估计不同,因为零值只有一个值,即总体中的参数值。

当误差高度偏斜且样本量很小时,我们要用 OLS 回归系数的自助百分位数置信区间来估计错误率(Mooney,1996)。[16]若存在非正态误差及小样本,我们不能相信参数推断,然而此时自助百分位数置信区间也可能存在问题(Efron,1987;Schenker,1985)。对于这两种检测,渐进理论尽管在一定程度上可以保证置信 α 水平准确性,然而对于小样本却不适用,并且有关估计二型错误率的标准功效分析(standard power analysis)也不适用。

我用蒙特卡罗模拟来估计区间的错误率,设定置信 α 水平为 0.05,样本规模为 25,自变量 x 为从 1 到 25 的整数,误差项服从标准卡方分布,自由度为 1。[17] 模型常数项的虚拟总体被设为 1.0,斜率值被设为 2.0。1 000 次试验[18] 的平均 R^2 为 0.55。一型错误率估计通过检验真实斜率(2.0)是否对于每次试验被排除在自助置信区间外被算出。二型错误率估计则通过检验一个合理但是非真的零假设(斜率＝0.0)是否被该区间所包含被算出。从而,我们就可以通过同样的虚拟总体估计出一型和二型错误率。对每次试验,每发现一次错误,就令该型错误的计数变量增加 1,相应地,该错误的发生比例便可通过用最终计数变量的值除以试验总次数得出。以下高斯代码就可以实现该步骤:

```
n = 25;                  / * 设定样本规模 * /
b = 1000;                / * 设定通过自助法
                           重复的次数 * /
mctrials = 1000;         / * 设定蒙特卡罗试
                           验次数 * /
df = 1;                  / * 设定 χ² 分布误差
                           项的自由度 * /
w = 15;                  / * 设定误差权重 * /
nbeta = 0;               / * 设定检验二型错
                           误估计的假空值 * /
nom_alpha = .05;         / * 设定检验的置信
```

alpha 水平 * /

```
tbeta = 2.0; tcons = 1.0;
```
/ * 设定虚拟总体参数 * /

```
t = 1;
```
/ * 设定试验索引 * /

/ * 定义蒙特卡罗输出向量/常量 * /

```
mc_r2 = zeros(mctrials, 1);
```
/ * 设定一个空 R^2 向量 * /

```
TypeI = 0;
```
/ * 设定一个一型错误计数器 * /

```
TypeII = 0;
```
/ * 设定一个二型错误计数器 * /

/ * 通过蒙特卡罗方法生成数据 * /

```
do while t< = mctrials;
  b11 = zeros(b,1);
  i = 1;
  x = seqa(1,1,N);
  err = chi(df,n);
  err = (sumc(err) 2D df)/sqrt(2 * df);
```
/ * 用自助法 * /

/ * 定义变量 x * /

/ * 定义误差为标准卡方分布(df) * /

```
  y = (tbeta * x) + tcons + (err * w);
```
/ * 定义虚拟总体 * /

/ * 用全样本的 Y 对 X 回归并保存重采样的残差 * /

```
_output = 0;                          /* 命令 OLS 程序不
                                      要输出统计量 */

_olsres = 1;                          /* 命令 OLS 程序计
                                      算残差 */

{v,m,bet,s,v,se,sig,cx,r2,resid,dw} = ols(0,y,x);

  mc_r2[t,1] = r2;                    /* 储存 R² 以用来
                                      做实验评估 */

/* 在通过自助法生成的置信区间里对残差进行重采样 */

index = seqa(1,1,n);

  do while i< = b;

    re = submat(resid, ceil(rndu(n,1) * n)',0);

    yr = bet[1,1] + (x * bet[2,1]) + re;

    {v,m,bsbz,s,v,se,sig,cx,r2,res,dw} = ols(0,yr,x);

    b11[i,1] = bsb2[2,.];              /* 储存重采样数据
                                      的 OLS 斜率 */

    i = i + 1;

    endo;                             /* 结束重采样循
                                      环 */

  b11 = sortc(b11,1);                 /* 对自助法得出的
                                      斜率排序以用做置
                                      信区间的构建 */

/* 定义 B 在 alpha＝nom_alpha 时的百分位点 */

  ll = ceil((b * nom_alpha)/2);
```

ul = ceil((b − ll) + 1);

/ * 循环以计算百分置信区间的一型及二型错误 * /

if tbeta< = b11[ll] or tbeta> = b11[ul];

         / * 如果斜率估计在

          置信区间以外 * /

 TypeI = TypeI + 1;

endif;

if nbeta> = b11[ll] and nbeta< = b11[ul];

         / * 如果空斜率值在

          置信区间内 * /

 TypeII = TypeII + 1;

endif;

t = t + 1;   / * 增加试验次数 * /

endo;

/ * 通过让发生错误次数除以试验次数来估计错误率 * /

TypeI = TypeI/mctrials; TypeII = TypeII/mctrials;

  在错误估计中的重要考虑是评估这些估计量的标准。二型错误率的标准就很直接。如果一个二型错误率比另一个小，那么，我们说该二型错误率比另一个好。也就是说，在其他条件一定且标准可比的情况下，二型错误率越小越好。该估计方法可用于两种不同二型错误率检验，或者不同统计条件下同一个检验。

相反，一型错误率有一个绝对的标准，即检验的置信 α 水平。其思路是检验要在一开始就指明一型错误水平。如果错误率过高，那么犯一型错误的概率就会高于所能接受的范围。如果错误率低于置信 α，比起给定可接受一型错误率，犯二型错误的概率就会更多。这是因为一型错误率与二型错误率成反比，如果不是线性相关。从而，在一定程度上，我们说一个推断检验是准确的，暗示了真实一型错误率（如蒙特卡罗实验中所估计的）与在检验开始时所指定的置信一型错误率一致（Hall，1992:12）。在二型错误的个案中，如果相对于其他检验，该检验所估计的二型错误率较小，我们就更倾向于使用这一个检验。

对于之前所提及的实验，估计的二型错误率为 0.02，这表示 1 000 个试验中有 20 个试验的非真零值（即斜率为 0）被包括在置信区间内。由于在该实验中没有其他检验，因此我们无法做比较判断，但是这里仍然存在小概率发生二型错误。需要注意的是，如果非真零值与斜率真实值接近，该错误率会增加。我们通过一系列模拟实验来比较二型错误率如何快速增加。

该检验中的一型错误率被估计为 0.067，即 1 000 个试验中有 67 个试验其参数真值被排除在自助百分位数置信区间之外。这意味着，相对于我们通过设定 0.05 的置信 α 水平来作为可接受的水平，在此情形下采用该置信区间，我们会发现发生一型错误的几率增加 34%。无论该不一致是否表明在这些条件下该置信区间不应被使用,这取决于研究者的判断。

在实践中,若研究者遇到这个情况可以做以下几步。首先,他或她应执行推断检验并报告由实际数据中得出的结果。然后,估计一型、二型错误发生率的模拟实验应被执行。这些实验结果可以与真实数据结果一起报告,以便于读者对所有可用信息进行判断。

第 4 节 | 评估参数推断稳健性以检验违反假设

　　有时,研究者想用参数推断但是不确定在某个手头的统计情形下是否合适。比如,他或她想对 35 个个案的样本(其因变量是高度偏斜的)进行 OLS 回归。这时,我们就很难确定斜率估计是否为正态分布。因此,研究者可能需要在各种近似他或她的数据的情况下估计标准参数检验的错误率。例如,他或她可能需要模拟一系列不同样本规模、不同分布形式的因变量的虚拟总体,然后估计一型错误在不同虚拟总体中的表现,将本章第 2 节和第 3 节所提及的程序合并起来讨论。

　　鉴于社会科学中的统计检验假设常常可能被违反,这就是蒙特卡罗模拟广泛的有帮助的应用空间。由于大多参数推断技术的实体理论均是基于大样本,从而统计检验在小样本中的行为成了一个广受关注的话题(例如,Cicchitelli, 1989; Everitt, 1979; Hendry & Harrison, 1974)。

　　由于可能还存在多维统计情形会影响错误率,研究者需要非常仔细地考虑他或她的实验设计。在 OLS 回归的例子中，我们可能想评估样本规模、因变量和/或误差项偏度峰度、自变量相关性、R^2 等差异的独立影响。模型越复杂，会产生影响的特征就越多。实验人员需要对每个特征定义相关且符合实际情况的范围，令他们独立地、系统地在他或她的实验中在其范围内变化。做这样一组实验需要以下步骤：

1. 对给定虚拟总体进行推断检验的蒙特卡罗实验，来估计检验的一型错误率，$\hat{\alpha}$；

2. 将 $\hat{\alpha}$ 及相关虚拟总体特征保存在矩阵的行中；

3. 对虚拟总体的特征进行独立地、系统地变化，并再执行第一步和第二步；

4. 重复第三步，直到实验中虚拟总体的每个相关特征的期望的取值范围被再现在实验中；

5. 用 RSA 来估计虚拟总体特征对 $\hat{\alpha}$ 的独立影响。

考虑评估对于一个二元 OLS 回归斜率，样本规模和误差项偏斜度对参数 t 检验的一型错误率产生的影响。标准 OLS 结果表明当"大"样本时或者误差项服从正态分布时，该检验是准确的。然而存在许多社会科学无法满足这些条件的情况，比如，研究者以李帕特和克雷帕兹（Lijphart &

Crepaz，1991)构建的政府社团主义指数作为回归模型中的因变量(如他们所做)。我在一系列蒙特卡罗实验下评估该检验量的表现,其蒙特卡罗实验的样本规模(以 5 为变化幅度,从 10 到 50)和误差项偏度可以独立地变化。后者可以通过生成一个服从标准化 χ^2 分布的误差,令其自由度以 1 为变化幅度,在实验中从 1 到 17。也就是说,我执行 17 个样本规模为 10 的实验,17 个样本规模为 15 的实验,等等,对于每个样本规模使用误差项的分布,得出 153 个实验。这些实验的其他特征保持不变;虚拟总体的常数项和斜率分别设定为 1.0 和 2.0,实验的平均 R^2 为 0.55, x 为从 1 到 n 的一组整数。下面的高斯代码用一个处理器为奔腾 133 的 IBM 计算机在 DOS 中只需用 15.04 分钟就完成模拟全过程。

```
/* 设定实验参数 */
max_n = 50; min_n = 10;           /* 设定 n 的取值范围 */
step_n = 5;                       /* 逐步在实验中增加样
                                     本规模;必须均匀地在 n
                                     的范围内 */
n = min_n;                        /* 设定初始样本规模 */
max_df = 17; min_df = 1;          /* 设定误差项 df 的范
                                     围 */
step_df = 1;                      /* 逐步在实验中增加
```

df；必须均匀地在 df 的范围内 */

df = min_df;　　　　　　/* 设定 χ^2 分布的误差项初始值 */

mctrials = 1000;　　　　/* 设定每个实验的蒙特卡罗试验次数 */

e_weight = 15;　　　　　/* 设定误差权重 */

exp_n = (((max_n – min_n)/(step_n) + 1) * (((max_df – min_df)/(step_df) + 1);　　/* 设定实验个数 */

tbeta = 2.0; tcons = 1.0;　　/* 设定虚拟总体参数 */

nom_alph = .05;　　　　/* 设定犯一型错误的置信比率 */

/* 初始化实验输出向量 */

ex_type1 = zeros(exp_n,1);

ex_r2 = zeros(exp_n,1);

ex_df = zeros(exp_n,1);

ex_n = zeros(exp_n,1);

ex_skew = zeros(exp_n,1);

results = zeros(exp_n,5);

/* 开始实验循环 */

　　do while exp_n > = 1;

　　type1 = 0;　　　　　/* 初始化本次实验的一型错误计数器 */

```
t = 1;                        /*初始化本次实验的试
                                验次数计数器*/
mc_r2 = zeros(mctrials,1);/*初始化本次实验的 R² 
                            向量*/
mc_skew = zeros(mctrials,1);  /*初始化本次实验的偏
                                度向量*/
```

/*为 $df = n - 2$，alpha＝nom_alpha 的 t 检验定义双尾 t 得分*/

```
  tcal = 1.5; tdf = n 2D 2; p = .5;
  do until p< = (nom_alph/2);
    p = cdftc(tcal, tdf);
    tcal = tcal + .01;
  endo;
  tcal = tcal - 0.01;
```

/*生成蒙特卡罗数据*/

```
  do while t< = mctrials;
    x = seqa(1,1,N);
    err = chi(df,n);
    err = (sumc(err) - df)/sqrt(2 * df);
                        /*生成标准化的 $\chi^2(df)$ 
                          分布误差*/
```

/*定义虚拟总体模型*/

```
    y = (tbeta * x) + tcons + (err * e_weight);
```

/ * 进行 OLS 回归分析 * /

    _output = 0；　　　　　　/ * 命令 OLS 过程不要输

    　　　　　　　　　　　　出统计量 * /

    _olsres = 1；　　　　　　/ * 命令 OLS 过程计算残

    　　　　　　　　　　　　差 * /

    {v,m,bet,s,v,se,sig,cx,r2,resid,dw} = ols(0,y,x)；

    　　　　　　　　　　　　/ * 用 y 对 x 回归 * /

    mc_r2[t,1] = r2；　　　　/ * 储存这个试验的 R^2 * /

/ * 为双尾 t 检验评估一型错误 * /

    if tbeta< = (bet[2,1] − (tcal * se[2,1])) or

    tbeta> = (bet[2,1] + (tcal * se[2,1]))；

    type1 = type1 + 1；

    endif；

/ * 计算且保存残差的偏度系数 * /

    {skew, kurt, test, p_test} = jarqbera(resid,n)；

    mc_skew[t,1] = skew；

    t = t + 1；　　　　　　　/ * 对本次实验,增加试验

    　　　　　　　　　　　　次数 * /

endo；　　　　　　　　　　/ * 在 t 次试验后结束单一

    　　　　　　　　　　　　实验 * /

type1 = type1/mctrials；　　/ * 计算本次实验一型错

    　　　　　　　　　　　　误的比例 * /

/ * 将实验结果放入向量中 * /

```
ex_type1[exp_n,1] = type1;

ex_r2[exp_n,1] = meanc(mc_r2);

ex_df[exp_n,1] = df;

ex_n[exp_n,1] = n;

ex_skew[exp_n,1] = meanc(skew);

/* 为下一个实验增加参数 */

if n<max_n;

  n = n + step_n;

  e_weight = e_weight;          /* 可以通过加法增加误
                                差权重 */

  else;

  df = df + step_df;

  n = min_n;

endif;

print "End of experiment number:" exp_n;

exp_n = exp_n - 1;              /* 索引实验循环 */

endo;                          /* 结束多次实验循环 */

/* 设定并输出结果矩阵到输出文件 */

format /m1 /ldn 10,3;

print "Output matrix columns: Type I rate, R2, df, n,
skew";

/* 水平地连接输出向量 */

results = ex_type1~ex_r2~ex_df~ex_n~ex_skew;

print results;
```

注意,关于以上代码有两个重点。第一,关于"$/*$为下一个实验增加参数$*/$"这部分,目的是为了独立得变化误差项的自由度(df)和样本规模(n)的所有潜在值。通过"if/else"语句,先在保持df不变的情况下,将n增加到其预设的最大值(max_n),然后令df增加1,并在样本规模内再次运行,等等。当期望实验次数(exp_n)达到后,程序终止,其中exp_n被设定为n和df取值区间表现在实验中的函数。该过程允许大量实验在一个单一程序里系统性地执行以方便整合输出结果。这里,一个重要的实践点是实验者应尝试在短运行中大量参数取值,以确保它们可以按期望设定那样增加。

有关程序部分的第二点与"$/*$为$df=n-2$,alpha=nom_alpha 的t检验定义双尾t得分$*/$"部分有关。这里检验(tcal)的合适的t得分是通过迭代(iteration)方法计算的。首先,临界t得分随样本规模变化;其次,已知自由度和概率值,因为高斯不会自动返回t得分(如果可以的话就方便了)。因此要"欺骗"程序把所需的t得分提供给我们,通过基于某个t得分和自由度值使程序返回概率值的命令。[19]

在我的 OLS 例子里,我将 153 个实验中的每一个都作为 RSA 中的一个数据个案以探究影响这个检验一型错误率的因素。进行 RSA 的一个重要考虑就是模型因变量应该是什么。由于我关注的是对 $\hat{\alpha}$ 与置信 α 的接近程度,一个因变量的选择将是 $\hat{\alpha}$ 与 α 在实验中的差异。然而,相对于置信上所允许的,因为我并不在意检验是否会产生更多或者更少的错误,因此该值的正负无所谓。[20]因而,我使用 $\hat{\alpha}$ 与 α 的差的绝对值作为 RSA 的因变量因正系数表示正向影响,所以将该值乘以 -1 便可以在检验量影响方向上直接地估计 RSA 系数。

表 4.3 对 OLS 回归斜率用响应面分析评估误差偏度和样本规模对参数 t 检验的影响

自变量	OLS 斜率估计
｜误差项偏度｜	0.003 5 *
	(0.002)
(误差项偏度)^2	$-0.004\ 0$ **
	(0.001)
(样本规模) * (误差项偏度)^2	0.000 05 **
	(0.000 0)
常数	$-0.006\ 5$ **
	(0.001)

注:OLS=普通最小二乘,$N = 153$,$R_a^2 = 0.25$。OLS 回归分析:因变量(表现) $= -1 * \big|\alpha-[\hat{\alpha}]\big|$,其中,$\alpha = 0.05$,分析单元=一个蒙特卡罗实验。蒙特卡罗实验:$X = (1, 2, 3, \cdots, n)$,$n$ 的取值范围为以 5 为幅度,10 到 50 中的数,误差偏度取值范围为-1.46 到 2.64,试验次数$=1\ 000$。* $p(\beta = 0) < 0.01$,** $p(\beta = 0) < 0.001$。

我最终的 RSA 模型是用 OLS 估计的,且自变量的选择是基于实质理论和多次估计的结果(Box & Draper,1987)。例如,每个实验的模型拟合度(由平均 R^2 量度)对检验量表现没有可辨识的影响,最后排除的 RSA 模型也是如此。误差项的偏度与检验量表现呈二次相关,和样本规模与误差偏度平方的交互关系一样(表 4.3)。[21]这些均具有理论意义,因为当我们排除了违反参数检验(即,误差偏度减小和/或 n 增加）的假设，检验量会表现得更好。
图 4.5 通过拟合响应面（fitted response surface）形象地展
示了这一关系。对于一个大样本（$n > 40$），高误差偏度不
会影响检验量表现；而在小样本里，高偏度会令表现不理
想。对于做真实数据分析的研究者，其检验结果主要取决
于他或她的样本规模和他或她误差项的偏度。

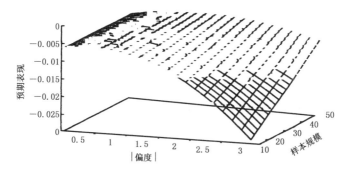

图 4.5　期望置信区间表现与误差偏度和样本规模

第 5 节 ｜ 比较估计量的属性

　　研究者有时可能想在同一个总体参数的两个或多个估计量中选一个。例如,在估计变量的集中趋势(central tendency)时,他或她可能需要在均值、中位数以及不同剔除比例的切尾均值(trimmed mean)中做出选择。有时分析统计理论可以派上用场。例如,我们知道中位数不如均值有效。但是有时统计理论并不提供明晰的对比估计。例如,若有效性和无偏性是最主要关注点,对于切尾均值,需切到什么程度才合适? 类似问题经常在小样本中出现,由于大多统计理论证明是基于大样本的。

　　在这种情况下,蒙特卡罗模拟可以用来经验性地比较估计量。其基本思路用之前章节所提到的原则,即将在同一标准、同一情境模拟出的估计量进行比较。首先,研究者要确定他或她比较的标准,也许是均方误差,并定义可代表所关注总体的虚拟总体。接下来,他或她应用到估计量以比较从这个虚拟总体一系列试验中生成的相同数据。[22]最后,估计标准需根据各试验中的每个估计量进行计算。如果可能，需要进行一系列这样的实验，并依据所感兴趣的问题变化虚拟总体。

表 4.4　普通最小二乘的相对效率和 **Parks** 斜率估计

N[a]	t[b]	同生误差相关性			
		0.00	0.25	0.50	0.75
10	10	102	100	99	97
	20	109	101	88	72
	30	112	105	90	68
	40	109	101	87	66
15	15	101	100	99	98
	20	108	102	93	84
	30	111	101	88	72
	40	111	100	83	64
20	20	102	101	100	99
	25	107	102	97	90
	30	107	100	91	80
	40	112	104	92	76

注：相对效率超过 100 表示普通最小二乘具有优势。
a. 每个时点的横截面单元；
b. 时点个数。
资料来源：Beck & Katz(1995：642)。该转载经由美国政治科学协会许可。

　　贝克和卡兹（Beck & Katz，1995）进行了一系列实验以比较 OLS 斜率估计量的相对效率；帕克斯（Parks，1967）就有关混合截面数据（pooled cross-sectional data）的自相关（autocorrelation）与异方差问题修正了斜率估计。当每个时间段的个案少，且时间段的个数也少时，数学分析是棘手的，这是在政治科学数据中的常见情况。贝克和卡兹（Beck & Katz，1995：639）就此构建了一个相对效率标准，

即用一个均方误差的根除以另一个,再乘以 100,将其转化成百分比:

$$相对效率 = 100 * \frac{\sqrt{\sum_{t=1}^{1\,000}(\hat{\beta}_P^t - \beta_{MC})^2}}{\sqrt{\sum_{t=1}^{1\,000}(\hat{\beta}_{OLS}^t - \beta_{MC})^2}} \qquad [4.3]$$

其中,试验次数为 1 000,β_{MC} 为虚拟总体的斜率,$\hat{\beta}_{OLS}$ 和 $\hat{\beta}_P$ 分别为 OLS 和 Parks 估计(Parks,1967)。因为贝克和卡兹都对相对效率如何随着时间单元个数、每个时间单元的个案以及给定时间段内误差间的相关性发生变化感兴趣,所以他们设计了一系列实验令这些因素独立地变化。表 4.4 展示了他们的结果,可以发现,当同生误差相关性小于 0.5 时,OLS 和 Parks 估计表现得一样或更好。这是重要的,因为当同生误差相关性超过 0.5 的情况很少(Beck & Katz,1995:642)。

表 4.4 是一个总结贝克和卡兹(Beck & Katz,1995)48 次实验结果的好方法,但其存在一个对于清晰展示的实验结果的个数的限制。在别处,我已经比较了 5 个推断方法(4 个自助法和 1 个参数推断)用于偏斜误差及小样本的 OLS 回归(Mooney,1996)。我关注在近似置信 α 水平下这些技术的区别,并进行了 885 次蒙特卡罗实验以评估这一点。有许多因素(检验类型、样本规模及它们的交互效应)和许多实验,贝克和卡兹的简单表格展示方法并不

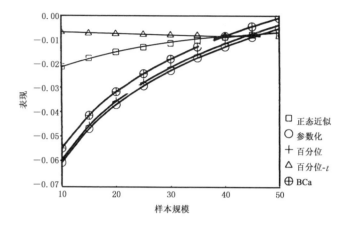

注：越接近 0.00，α 水平表现越好。

资料来源：Mooney(1996)，基于 885 次蒙特卡罗实验。转载经由威斯康星大学出版社许可。

图 4.6　普通最小二乘斜率推论检验在一型错误上的预期表现

适用。另外，我也对用统计检验来评估这些技术的假设感兴趣。因而，RSA 是合适的分析选项，该分析的结果参见表 4.5。因变量是第 4 章第 4 节所提到的 $\hat{\alpha}$ 的表现量度。比较检验处于参数方法和每个自助法检验之间。这可通过将虚拟变量放入 RSA 的每个自助法检验中，并用参数检验作为参考类别。也就是说，每个个案都是一个实验，我们都会用到 5 个检验中的 1 个。对于某个个案，其检验的虚拟变量值为 1，其余虚拟变量值为 0。因此，一个虚拟系数为 0 的检验是一个其技术比起参数检验拥有更好的 α 水平表现的检验。在 RSA 中，我还加入了实验样本规模的自然对数及该值与检验的虚拟变量之间的交互作用，来估计样本规模的非线性影响。

表 4.5　关于一个二元回归斜率在 α 水平推断表现的蒙特卡罗响应面分析

	估计的普通最小二乘系数
正态近似	0.098 1 *
	(0.008 4)
BCa	0.008 2
	(0.009 8)
百分位	0.001 1
	(0.009 1)
百分位-t	0.135 2 *
	(0.006 9)
正态近似 * ln(样本规模)	−0.025 5 *
	(0.002 4)
百分位 * ln(样本规模)	0.000 1
	(0.002 6)
BCa * ln(样本规模)	−0.001 1
	(0.002 8)
百分位-t * ln(样本规模)	−0.035 4 *
	(0.002 0)
ln(样本量)	0.034 2 *
	(0.001 9)
常数	−0.139 6 *
	(0.006 5)

注：$N = 885$，$R_a^2 = 0.70$，Breusch-Pagan($df = 9$) = 196.04。括号里的数字为怀特（White，1990）考虑了异方差性后所估计的标准差。OLS 回归分析：分析单元 = 一个蒙特卡罗实验，因变量 = $-1 * |\alpha - \hat{\alpha}|$。蒙特卡罗实验：$X = (1, 2, 3, \cdots, n)$，残差重采样，每个实验的试验次数 = 500，自助重采样次数 = 1 000。

* $p(\beta = 0) < 0.01$。

资料来源：Mooney(1996)。该转载经由威斯康星大学出版社许可。

RSA 模型中（表 4.5）两个自助法检验的主作用和交互作用都显著，说明这些检验在实验中确实比参数检验更好。也许展现该效应更直观的方法是用因变量预测值对每个样本规模作图。图 4.6 展示了这一方法可以多有效率。显然，百分位 t 及正态近似自助法在样本范围中都表现得很好。该图也显示了样本规模的非线性影响，以及当样本规模达到或超过 40 时，各检验量的表现差异就很难区分。无论是列表显示或表 4.5 中的 RSA 输出，这些实验结果的特征是无法轻易被发现的。

第**5**章

结论

　　对于用统计模型工作的社会科学家们来说，蒙特卡罗模拟是一种灵活且强大的工具。这在今天尤其是正确的，正如快速发展的计算机性能与具有创造性的统计理论应用的结合令模拟实验愈发容易实现和愈发必要，当我们评估我们数据中参数推断的假设，以及当我们应用和开发新的统计估计量时。第4章所讨论的应用问题仅是一些该技术可以被用来模拟统计量的行为因而帮助理解社会行为的例子。蒙特卡罗模拟的极限仅仅在于我们在应用它到新情形上的想象力和足够理解社会过程以模拟它们的能力有限。

　　然而蒙特卡罗模拟可以是复杂的，尤其当我们想挑战难度，跳过本书所介绍简单例子，直接对包含许多变量、更复杂估计量等的多等式模型进行模拟。因此，我总结了一些如何减少蒙特卡罗实践的迷惑和误差的建议。

　　小心周密的计划对一个成功的模拟实验是重要的。研究者必须在提笔写计算机代码之前系统性地考虑他或她到底想做什么。首先,这意味着要对所要模拟的社会过程及所要估计的统计量有较深的了解。然后,研究者要认真写出要模拟的符号模型并清楚定义出模型的每个组成部分。接着,定义所要评估的特征。研究者所关注的是检验量的 α 水平?统计量偏差?两个统计量的相对效率?还是其他?仔细考虑该问题可以更有效率地进行模拟实验,因为过程中无关紧要的方面被排除掉了。

在写计算机代码以进行实验的时候,最好分别从代码的小组进行。独立的部分是最好的开始之地。例如,在对多实验过程编码以检验在多等式模型中参数估计量的偏差时,我们应该从一个方程的组成部分开始。独立地定义常数项以及随机变量,检查代码以保证每个都是正确的。常数项很容易检查,它们必须返回我们所指定它们的值,否则不正确。随机变量生成算法的检查就不那么直接,因为根据定义,输出结果可取大量值。最好生成上千个个案(以消除任何随机变异),然后检查变量特征是否吻合期望的分布。计算生成变量的取值区间、均值、标准差、偏度和峰度系数,然后将其与理论期望值相比较。绘出变量的直方图,令其与理论概率密度函数相比。即使算法是正确的,尽管随机变异会导致观测值与理论值之间无论如何都存在微小偏差,但是这样做可以找出计算机代码中难以发现的问题。

一旦你对所拟程序的各组成部分具有信心是正确时,将它们按自然组合串起来以检查它们是否可以按照期望的方式运行。例如,运行多等式模型的一个方程来看所估计的参数是否服从期望的抽样分布。当然,若统计量不存在从理论上可以解释的抽样分布时(这可能就是为什么你首先考虑到用模拟),我们就不可以这么做。但是在一个复杂的实验里,常常有很多参数可以用来检查代码的表现,尽管这些参数并不是我们所关心的。例如,假定不存在有关统计量属性的理论指导,我们可以通过模拟来估计切换回归模型的切换点的抽样分布(Douglas,1987)。然而,在很多情况下,我们知道这个模型斜率参数的抽样分布,并且尽管在模拟中我们可能不关心这些,但是我们可以利用这个理论知识来检查模拟是否按期望的方式进行。另一个方法是模拟一个不存在随机误差的模型,并检查虚拟总体参数值是否与从虚拟样本中所估计出来的一致。

一旦程序的各部分均是按所期望的进行,我们就可以将其连在一起来执行一个完整的全过程模拟。由于模拟可能非常复杂,为节约时间,在调试阶段最好运行有限数目的试验,比如 10—50 次,而不要一上来就运行 1 000—10 000 次。当程序可以正常运行时,增加试验次数,留意结果。最后,一旦单一实验程序可以满意地运行后,你可以加入多实验循环算法。同样,最好从有限个数实验开始,且对于每一实验,同样应该限制试验次数以减少调试时间。在该阶段需要留心的一个重要的点是,虚拟总体参数在实验与这些变化的结果是不是我们想要的是如何增加的。例如，对于每一个实验，如果你增加了回归模型的误差权重，那么在这多次实验中对 R^2 的影响如何呢？如同 R^2 与误差项大小的关系一样，参数与输出结果的非线性关系非常微妙。当误差增加时，R^2 先快速减小，当接近其自然极限 0.00 时，下降趋势减缓。通常类似这样的统计量行为需要不断试错来评估。

开发一个成功的蒙特卡罗模拟实验的过程因而就像造房子，需要慢慢来，一块一块盖，直到整个结构建好。如果你一下子写出整个模拟过程的代码并仓促运行，就会发生两件事。第一，你可能同时拥有程序错误和返回值错误（一旦你将程序完全运行）。这点很难避免，几乎每个电脑使用者都会遇到。第二，也是更重要的一点，你会发现跟踪错误变得非常困难。尽管在调试程序的时候，统计软件的错误信息可能会在输出结果中有所提示（也许），你可能很难搞清楚错误原因，比如，你的估计系数可能比预期的大 10 000 倍。很难找出穿插在复杂程序内的各种小错误。此时，你就需要决定在初始阶段应该做什么，即，先逐块地运行程序直到达到所期望的输出结果。

总而言之，尽管蒙特卡罗模拟需要大量的编程以及缜密的思考，然而对于社会科学，其潜在的益处颇多。通过该方法，社会科学家们可以扩展延伸经典参数推断方法狭窄的限制，并对其进行检验。这将允许对社会现象更精确的统计模型和更深层次的理解。

注释

[1] STATA 是一个例外,自版本 3.1 已包含蒙特卡罗过程。许多统计学家也用 S-PLUS,通常与 FORTRAN 一并用于执行此计算密集型的作业(Efron & Tibshirani, 1993:附录)。

[2] 刘易斯和佩恩(Lewis & Payne, 1973)发现生成周期为$(2^{98}-1)$并不依赖于字的大小的生成程序。

[3] 尽管 G(α)作为一个分布函数不存在闭型,我们有时可以通过最优化技术来近似,如贝尔德(Baird, 1995)所述。

[4] 需注意的是,与表 2.1 中的逆分布函数一致,我们取得的是 y 的自然对数而不是 $1-y$,主要目的在于简化命令,且因为 $1-U(0, 1) \sim U(0, 1)$,这种做法与完整版本并无差别。

[5] 在某种意义上说,所有逆变换方法也可以看作组合方法,因其对每一个 U(0, 1)变量进行了变换。但出于教学目的,且依照惯例,我对这些方法进行了区分。

[6] 这些过程常用 Box-Mueller 方法(Box & Mueller, 1958)合并两个 U(0, 1)变量或者用马尔萨利亚和布雷(Marsaglia & Bray, 1964)修正过的极曲线方法(modified polar method)。

[7] 由于该分布与正态分布之间的关系,对数正态分布有时用来描述正态变量的特征,例如,L(μ, σ^2)。因此,在不同情境下要认真考虑作者所用的符号标注。

[8] 然而,除非有很强的理论依据这么做,比如评估一个程序使其可以对误差建模,在蒙特卡罗模型中最好尽可能完整地对一个过程建模。

[9] 施麦瑟和沙拉比(Schmeiser & Shalaby, 1980)的"包围"(enveloping)法是处理函数分布有无限尾部的另一种方式。

[10] 贝塔分布概率密度函数的分母包含一个从贝塔函数得到的常数,该常数可以将分子标准化后令概率密度函数积分为 1。高斯并不自动返回一个贝塔函数,但是它会返回一个伽马函数,其与贝塔函数的关系如下:

$$\text{Beta}(a, b) = \frac{\Gamma(a)\Gamma(b)}{\Gamma(a+b)}$$

其中,a 和 b 为要生成的贝塔分布的参数。

[11] 当 a 和/或 b 小于 1,Bet(a, b)的众数值未定,因其概率密度函数渐进趋近于这些个案的垂直坐标轴的上限和/或下限。因此,峰密度值

(peak density value)要根据实际水平设定。在之后的代码范例中，我设定峰密度值为4.0。

[12] 该算法由鲁宾斯坦(Rubinstein，1981:95—101)衍生出来。

[13] 我们还可以把负二项分布看做是直到成功率为 p 的二项过程的经历第 f 次失败的试验次数 x 的分布。

[14] 普适性通常是实验研究的重要关注点，不论该试验属于物理范畴还是数学范畴(Cook & Campbell，1979:70—74)。

[15] 该估计量由金和布朗宁(King & Browning，1987)利用渐进最大似然率证明。因而，在有限样本中，我们还需要蒙特卡罗实验来了解该估计量的行为。

[16] 尽管一型和二型推断错误通常是关于假设检验的，它们在置信区间上的应用也很简单直接。

[17] 我用了残差重采样自助法(residual resampling bootstrapping，Mooney & Duval，1993:16—17)。

[18] 由于自助法为计算密集型算法，因此，这个实验只用了1 000次试验。

[19] 我感谢鲍勃·杜瓦尔(Bob Duval)设计的这个漂亮干净的骗局。

[20] 这也许是其分布是令人感兴趣的情况，以及其分析将是本部分技术的逻辑拓展。

[21] 这里所用的误差偏度绝对值，与偏度方向一样不重要。

[22] 用相同的数据不但可以减少对比中的随机误差，还可以加速实验，因为所生成的数据减少了(Ross，1990:139—140)。

参考文献

APTECH SYSTEMS, INC. (1994) *The GAUSS System Version 3.1.2.* Maple Valley, WA: Author.

BADGER, W. W. (1980) "An entropy-utility model for the size distribution of income." In B. J. West (Ed.), *Mathematical Models as a Tool for the Social Sciences.* New York: Gordon and Breach.

BAIRD, D. B. (1995) *PROBS. SRC: GAUSS Functions for the Normal, Student's t, Chi-Square, F, Poisson, Binomial, Negative Binomial and Gamma Distributions.* Lincoln, New Zealand: AgResearch.

BARTELS, L. M. (1993) "Messages received: The political impact of media exposure." *American Political Science Review, 87,* 267—285.

BECK, N., & KATZ, J. N. (1995) "What to do(and not to do) with time-series-cross-section data in comparative politics." *American Political Science Review, 89.* 634—647.

BOX, G. E. P., & DRAPER, N. R. (1987) *Empirical Model-Building and Response Surfaces.* New York: John Wiley.

BOX, G. E. P., & MUELLER, M. E. (1958) "A note on the generation of random normal deviates." *Annals of Mathematical Statistics, 29,* 610—611.

CICCHITELLI, G. (1989) "On the robustness of the one-sample *t*-test." *Journal of Statistical Computation and Simulation, 32,* 249—258.

COOK, T. D., & CAMPBELL, D. T. (1979). *Quasi-Experimentation.* Boston: Houghton Mifflin.

CROWELL, F. (1977) *Measuring Inequality.* Oxford, England: Philip Alan.

DAVIDSON, R., & MACKINNON, J. G. (1993) *Estimation and Inference in Econometrics.* New York: Oxford University Press.

DOUGLAS, S. M. (1987) *Improving the Estimation of a Switching Regressions Model: An Analysis of Problems and Improvements Using the Bootstrap.* Unpublished Ph. D. dissertation, University of North Carolina, Chapel Hill.

DUVAL, R. D., & GROENEVELD, L. (1987) "Hidden policies and hypothesis tests: The implications of Type II errors for environmental regulation." *American Journal of Political Science*, *31*, 423—447.

EFRON, B.(1987) "Better bootstrap confidence intervals"(with discussion). *Journal of the American Statistical Association*, *82*, 171—200.

EFRON, B., &. TIBSHIRANI, R.J.(1993) *An Introduction to the Bootstrap*. London: Chapman &. Hall.

EVANS, M., HASTINGS, N., &. PEACOCK, B. (1993) *Statistical Distributions*(2nd ed.). New York: John Wiley.

EVERITT, B.S.(1979) "A Monte Carlo investigation of the robustness of Hotelling's one-and two-sample T^2 tests." *Journal of the American Statistical Association*, *74*, 48—51.

EVERITT, B.S., &. HAND, D.J.(1981) *Finite Mixture Distributions*. London: Chapman &. Hall.

FISK, P.R.(1961) "The graduation of income distributions." *Econometrica*, *29*, 171—185.

GADDUM, J. H. (1945) "Lognormal distributions." *Nature*, *156*, 463—466.

GELMAN, A., CARLIN, J.B., STERN, H.S., &. RUBIN, D.B.(1995) *Bayesian Data Analysis*. London: Chapman &. Hall.

GHURYE, S.G.(1949) "On the use of Student's *t* test in an asymmetrical population." *Biometrika*, *36*, 426—430.

GREENWOOD, M., &. YULE, G.U.(1920) "An inquiry into the nature of frequency distributions representative of multiple happenings with particular reference to the occurrence of multiple attacks of disease or repeated accidents." *Journal of the Royal Statistical Society A*, *83*, 255—279.

GROSECLOSE, T. (1994) "Testing committee composition hypotheses for the U.S. Congress." *Journal of Politics*, *56*, 440—458.

HAIGHT, F. A. (1967) *Handbook of the Poisson Distribution*. New York: John Wiley.

HALL, P. (1992) *The Bootstrap and the Edgeworth Expansion*. New York: Springer-Verlag.

HAMMERSLEY, J.M., &. HANDSCOMB, D. C. (1964) *Monte Carlo Methods*. London: Chapman &. Hall.

HENDRY, D.F.(1984) "Monte Carlo experimentation in econometrics." In Z. Griliches and M. D. Intriligator (Eds.), *Handbook of*

Econometrics(Vol.2). Amsterdam, Netherlands: Elsevier.

HENDRY, D.F., &. HARRISON, R.W.(1974) "Monte Carlo methodology and the finite sample behaviour of ordinary and two-stage least squares." *Journal of Econometrics*, *2*, 151—174.

HOPE, A.C.A.(1968) "A simplified Monte Carlo significance test procedure." *Journal of the Royal Statistical Society B*, *30*, 582—598.

JACKMAN, S. (1994) "Measuring electoral bias: Australia, 1949—1993." *British Journal of Political Science*, *24*, 319—357.

JARQUE, C.M., &. BERA, A.K.(1987) "A test for normality of observations and regression residuals." *International Statistical Review*, *55*, 163—172.

JOHNSON, M. E. (1987) *Multivariate Statistical Simulation*. New York: John Wiley.

JOHNSON, N.L., &. KOTZ, S.(1970a) *Continuous Univariate Distributions*(Vol.1). New York: John Wiley.

JOHNSON, N.L., &. KOTZ, S.(1970b) *Continuous Univariate Distributions*(Vol.2). New York: John Wiley.

JOHNSON, N.L., KOTZ, S., &. KEMP, A.W.(1992) *Univariate Discrete Distributions*(2nd ed.). New York: John Wiley.

KENDALL, M. G., &. STUART, A. (1950) "The law of cubic proportions in election results." *British Journal of Sociology*, *1*, 183—197.

KING, G. (1989) *Unifying Political Methodology*. New York: Cambridge University Press.

KING, G., &. BROWNING, R.X.(1987) "Democratic representation and partisan bias in congressional elections." *American Political Science Review*, *81*, 1251—1276.

KLEIJNEN, J.P.C.(1975) *Statistical Techniques in Simulation*(Vol.2). New York: Marcel Dekker.

LEWIS, T.G., &. PAYNE, W.H.(1973) "Generalized feedback shift register pseudo random number algorithm." *Journal of the Association of Computing Machinery*, *20*, 456—468.

LIJPHART, A., &. CREPAZ, M.M.L.(1991) "Corporatism and consensus democracy in eighteen countries: Conceptual and empirical linkages." *British Journal of Political Science*, *21*, 235—246.

MACLAREN, M. D., & MARSAGLIA, G. (1965) "Uniform random number generators." *Journal of the Association of Computing Machinery*, *12*, 83—89.

MARSAGLIA, G., & BRAY, T. A. (1964) "A convenient method for generating normal variables." *SIAM Review*, *6*, 260—264.

MOHR, L. B. (1990) *Understanding Significance Testing* (Sage University Paper series on Quantitative Applications in the Social Sciences, series no. 07-073). Newbury Park, CA: Sage.

MOONEY, C. Z. (1995) "Conveying truth with the artificial: Using simulated data to teach statistics in the social sciences." *SocInfo Journal*, *1*, 36—41.

MOONEY, C. Z. (1996) "Bootstrap statistical inference: Examples and evaluations for political science." *American Journal of Political Science*, *40*, 570—602.

MOONEY, C. Z., & DUVAL, R. D. (1993) *Bootstrapping: A Nonparametric Approach to Statistical Inference* (Sage University Paper series on Quantitative Applications in the Social Sciences, series no. 07-095). Newbury Park, CA: Sage.

MOONEY, C. Z., & KRAUSE, G. (in press) "Of silicon and political science: Computationally intensive techniques of statistical estimation and inference." *British Journal of Political Science*.

PARKS, R. (1967) "Efficient estimation of a system of regression equations when disturbances are both serially and contemporaneously correlated." *Journal of the American Statistical Association*, *62*, 500—509.

PLACKETT, R. L. (1958) "The principle of the arithmetic mean." *Biometrika*, *45*, 130—135.

PLACKETT, R. L. (1972) "The discovery of the method of least squares." *Biometrika*, *59*, 239—251.

RAND CORPORATION. (1955) *A Million Random Digits With 1,000,000 Normal Deviates*. Glencoe, IL: Free Press.

ROSS, S. M. (1990) *A Course in Simulation*. New York: Macmillan.

RUBINSTEIN, R. Y. (1981) *Simulation and the Monte Carlo Method*. New York: John Wiley.

SCHENKER, N. (1985) "Qualms about bootstrap confidence intervals."

Journal of the American Statistical Association, *80*, 360—361.

SCHMEISER, B.W., & SHALABY, M.A.(1980) "Acceptance/rejection methods for beta variate generation." *Journal of the American Statistical Association*, *75*, 673—678.

SCHRODT, P.A.(1982) "A statistical study of the cube law in five electoral systems." *Political Methodology*, *7*, 31—53.

SIMON, J.L., & BRUCE, P.(1991) "Resampling: A tool for everyday statistical work." *Chance*, *4*, 22—32.

VON NEUMANN, J.(1951) "Various techniques used in connection with random digits." *Bureau of Standards Applied Mathematics Series*, *12*, 36—38.

WHITE, H.(1980) "A heteroskedasticity-consistent covariance matrix and a direct test for heteroskedasticity." *Econometrica*, *48*, 817—838.

译名对照表

ad hoc procedure	特设程序
autocorrelation	自相关
Bayesian statistical inference	贝叶斯统计推断
Bernoulli trial	伯努利试验
beta distribution	贝塔分布
bootstrap statistical inference	自助统计推断
Cauchy function	柯西函数
central tendency	集中趋势
chi-square distribution	卡方分布
Erlang distribution	厄兰分布
experiment	实验
exponential distribution	指数分布
extended β-binomial distribution	扩展 β 二项分布
Fisher distribution	费舍尔分布
fitted response surface	拟合响应面
gamma function	伽马函数
Gauss distribution	高斯分布
geometric distribution	几何分布
government corporatism	政府社团主义
Gumbel function	冈贝尔函数
heteroskedasticity	异方差
hypergeometric distribution	超几何分布
internalclock	内时钟
iteration	迭代
Laplace distribution	拉普拉斯分布
leptokurtosis	尖峰
logarithmic series distribution	对数级数分布
logistic function	logistic 函数
lognormal distribution	对数正态分布
mixture distribution	混合分布
modal value	众数值

modified polar method	修正过的极曲线方法
moment	力矩
multiequation model	多等式模型
normal distribution	正态分布
Pareto distribution	帕累托分布
peak density value	峰密度值
pooled cross-sectional data	混合截面数据
power function	幂函数
probability density function	概率密度函数
probability mass function	概率质量函数
pseudo-population	虚拟总体
pseudo-random	伪随机性
pseudo-sample	虚拟样本
Rayleigh distribution	瑞利分布
recursive model	递归模型
residual resampling bootstrapping	残差重采样自举法
response surface analysis	响应面分析
rounding error	化整误差
specificity	特异性
standard power analysis	标准功效分析
student's t distribution	学生 t 分布
switch point	切换点
switching regression models	切换回归模型
trial	试验
triangular distribution	三角分布
trimmed mean	切尾均值
uniform distribution	均匀分布
variance reduction techniques	方差缩减技术
Weibull function	威布尔函数

图书在版编目(CIP)数据

蒙特卡罗模拟/(美)克里斯托弗·Z.穆尼著；贺
光烨译.—上海:格致出版社:上海人民出版社，
2018.5(2023.1重印)
(格致方法·定量研究系列)
ISBN 978－7－5432－2846－7

Ⅰ.①蒙…　Ⅱ.①克…②贺…　Ⅲ.①蒙特卡罗法
Ⅳ.①O242.28

中国版本图书馆 CIP 数据核字(2018)第 044089 号

责任编辑　裴乾坤

格致方法·定量研究系列

蒙特卡罗模拟

[美]克里斯托弗·Z.穆尼　著

贺光烨 译　范新光　张柏杨　闵尊涛 校

出　　版　格致出版社
　　　　　上海人民出版社
　　　　　(201101　上海市闵行区号景路 159 弄 C 座)
发　　行　上海人民出版社发行中心
印　　刷　浙江临安曙光印务有限公司
开　　本　920×1168　1/32
印　　张　5.75
字　　数　97,000
版　　次　2018 年 5 月第 1 版
印　　次　2023 年 1 月第 2 次印刷
ISBN 978－7－5432－2846－7/C·191
定　　价　35.00 元

格致方法·定量研究系列

1. 社会统计的数学基础
2. 理解回归假设
3. 虚拟变量回归
4. 多元回归中的交互作用
5. 回归诊断简介
6. 现代稳健回归方法
7. 固定效应回归模型
8. 用面板数据做因果分析
9. 多层次模型
10. 分位数回归模型
11. 空间回归模型
12. 删截、选择性样本及截断数据的回归模型
13. 应用 logistic 回归分析（第二版）
14. logit 与 probit：次序模型和多类别模型
15. 定序因变量的 logistic 回归模型
16. 对数线性模型
17. 流动表分析
18. 关联模型
19. 中介作用分析
20. 因子分析：统计方法与应用问题
21. 非递归因果模型
22. 评估不平等
23. 分析复杂调查数据（第二版）
24. 分析重复调查数据
25. 世代分析（第二版）
26. 纵贯研究（第二版）
27. 多元时间序列模型
28. 潜变量增长曲线模型
29. 缺失数据
30. 社会网络分析（第二版）
31. 广义线性模型导论
32. 基于行动者的模型
33. 基于布尔代数的比较法导论
34. 微分方程：一种建模方法
35. 模糊集合理论在社会科学中的应用
36. 图解代数：用系统方法进行数学建模
37. 项目功能差异（第二版）
38. Logistic 回归入门

39. 解释概率模型：Logit、Probit 以及其他广义线性模型
40. 抽样调查方法简介
41. 计算机辅助访问
42. 协方差结构模型：LISREL 导论
43. 非参数回归：平滑散点图
44. 广义线性模型：一种统一的方法
45. Logistic 回归中的交互效应
46. 应用回归导论
47. 档案数据处理：生活经历研究
48. 创新扩散模型
49. 数据分析概论
50. 最大似然估计法：逻辑与实践
51. 指数随机图模型导论
52. 对数线性模型的关联图和多重图
53. 非递归模型：内生性、互反关系与反馈环路
54. 潜类别尺度分析
55. 合并时间序列分析
56. 自助法：一种统计推断的非参数估计法
57. 评分加总量表构建导论
58. 分析制图与地理数据库
59. 应用人口学概论：数据来源与估计技术
60. 多元广义线性模型
61. 时间序列分析：回归技术（第二版）
62. 事件史和生存分析（第二版）
63. 样条回归模型
64. 定序题项回答理论：莫坎量表分析
65. LISREL 方法：多元回归中的交互作用
66. 蒙特卡罗模拟
67. 潜类别分析
68. 内容分析法导论（第二版）
69. 贝叶斯统计推断
70. 因素调查实验
71. 功效分析概论：两组差异研究
72. 多层结构方程模型
73. 基于行动者模型（第二版）